丛 书 主 编：马克平

丛 书 编 委：曹　伟　陈　彬　冯虎元　郎楷永
　　　　　　李振宇　刘　冰　彭　华　覃海宁
　　　　　　田兴军　邢福武　严岳鸿　杨亲二
　　　　　　应俊生　于　丹　张宪春

本 册 著 者：张　力　贾　渝　毛俐慧

本 册 审 稿：王幼芳

技 术 指 导：刘　冰　陈　彬

FIELD GUIDE TO
WILD PLANTS OF CHINA

中国常见植物
野外识别手册

Bryophytes
苔藓册

商务印书馆
The Commercial Press
创于1897

图书在版编目(CIP)数据

中国常见植物野外识别手册.苔藓册/马克平主编;张力,贾渝,毛俐慧著.—北京:商务印书馆,2016(2024.5重印)

ISBN 978 - 7 - 100 - 11814 - 9

Ⅰ.①中… Ⅱ.①马…②张…③贾…④毛… Ⅲ.①植物—识别—中国—手册②苔藓植物—识别—中国—手册 Ⅳ.①Q949-62②Q949.35-62

中国版本图书馆 CIP 数据核字(2015)第 284919 号

中国常见植物野外识别手册

苔藓册

马克平 丛书主编

张力 贾渝 毛俐慧 本册著者

商务印书馆出版
(北京王府井大街36号 邮政编码100710)
商务印书馆发行
北京盛通印刷股份有限公司印刷
ISBN 978 - 7 - 100 - 11814 - 9

2016 年 3 月第 1 版　　开本 787×1092　1/32
2024 年 5 月北京第 7 次印刷　印张 10⅜

定价:68.00 元

序 Foreword

　　历经四代人之不懈努力，浸汇三百余位学者毕生心血，述及植物三万余种，卷及126册的巨著《中国植物志》已落笔告罄。然当今已不是"腹中贮书一万卷，不肯低头在草莽"的时代，如何将中国植物学的知识普及芸芸众生，如何用中国植物学知识造福社会民众，如何保护当前环境中岌岌可危的濒危物种，将是后《中国植物志》时代的一项伟大工程。念及国人每每旅及欧美，常携一图文并茂的 Field Guide（《野外工作手册》），甚是方便；而国人及外宾畅游华夏，却只能搬一块大部头的 Flora（《植物志》），实乃吾辈之遗憾。由中国科学院植物研究所马克平所长主持编撰的这套《中国常见野生植物识别手册》丛书的问世，当是填补空白之举，令人眼前一亮，颇觉欢喜，欣然为序。

　　丛书的作者主要是全国各地中青年植物分类学骨干，既受过系统的专业训练，又熟悉当下的新技术和时尚。由他们编写的植物识别手册已兼具严谨和活泼的特色，再经过植物分类学专家的审订，益添其精准之长。这套丛书可与《中国植物志》《中国高等植物图鉴》《中国高等植物》等学术专著相得益彰，满足普通植物学爱好者及植物学研究专家不同层次的需求。更可喜的是，这种老中青三代植物学家精诚合作的工作方式，亦让我辈看到了中国植物学发展新的希望。

　　"一花独放不是春，百花齐放春满园。"相信本系列丛书的出版，定能唤起更多的植物分类学工作者对科学传播、环保宣传事业的关注；能够指导民众遍地识花，感受植物世界之魅力独具。

　　谨此为序，祝其有成。

王文采
2009年3月31日

前言 Preface

　　自然界丰富多彩，充满神奇。植物如同一个个可爱的精灵，遍布世界的各个角落：或在茫茫的戈壁滩上，或在漫漫的海岸线边，或在高高的山峰，或在深深的峡谷，或形成广袤的草地，或构筑茂密的丛林。这些精灵们一天到晚忙碌着，成了了世界的五彩缤纷，也为人类制造赖以生存的氧气并满足人们衣食住行中方方面面的需求。中国是世界上植物种类最多的国家之一，全世界已知的30余万种高等植物中，中国的高等植物超过3万种。当前，随着人类经济社会的发展，人与环境的矛盾日益突出：一方面，人类社会在不断地向植物世界索要更多的资源并破坏其栖息环境，致使许多植物濒临灭绝；另一方面，又希望植物资源能可持续地长久利用，有更多的森林和绿地能为人类提供良好的居住环境和新鲜的空气。

　　如何让更多的人认识、了解和分享植物世界的妙趣，从而激发他们合理利用和有效保护植物的热情？近年来，在科技部和中国科学院的支持下，我们组织全国20多家标本馆建设了中国数字植物标本馆（Chinese Virtual Herbarium，简称CVH）、中国自然植物标本馆（Chinese Field Herbarium，简称CFH）等植物信息共享平台，收集整理了包括超过10万张经过专家鉴定的植物彩色照片和近20套植物志书的数字化植物资料并实现了网络共享。这个平台虽然给植物学研究者和爱好者提供了方便，却无法顾及野外考察、实习和旅游的便利性和实用性，可谓美中不足。这次我们邀请全国各地的植物分类学专家，特别是青年学者编撰一套常见野生植物识别手册的口袋书，每册包括具有区系代表性的地区、生境或类群中的500～700种常见植物，是这方面的一次尝试。

　　记得1994年我第一次去美国时见到*Peterson Field Guide*（《野外工作手册》），立刻被这种小巧玲珑且图文并茂的形式所吸引。近年来，一直想组织编写一套适于植物分类爱好者、初学者的口袋书。《中国植物志》等志书专业性非常强，《中国高等植物图鉴》等虽然有大量的图版，但仍然很专业。而且这些专业书籍都是多卷册的大部头，不适于非专业人士使用。有鉴于此，我们力求做一套专业性的科普丛书。专业性主要体现在丛书的文字、内容、照片的科学性，要求作者是专业人员，且内容经过权威性专家审定；普及性即考虑到爱好者的接受能力，注意文字内容的通俗性，以精彩的照片"图说"为主。由此，丛书的编排方式摈弃了传统的学院式排列及检索方式，采用人们易于接受的形式，诸如：按照植物的生活型、叶形叶序、花色等植物性状进行分类；在选择地区或生境类型时，除考虑区系代表性外，还特别重视游人多的自然景点或学生野外实习基地。植物收录范围主要包括某一地区或生境常见、重要或有特色的野生植物种类。植物中文名主要参考《中国植物志》；拉丁学名以"中国生物物种名录"(http://base.sp2000.cn/colchina_c13/search.php)为主要依据；英文名主要参考美国农业部网站(http://www.usda.gov)和《新编拉汉英种子植物名称》。同时，为了方便外国朋友学习中文名称的发音，特别标注了汉语拼音。

本丛书自2007年初开始筹划，2009年和2013年在高等教育出版社出版了山东册和古田山册，受到读者的好评。2013年9月与商务印书馆教科文中心主任刘雁等协商，达成共识，决定改由商务印书馆出版，并承担出版费用。欣喜之际，特别感谢王文采院士欣然作序热情推荐本丛书；感谢各位编委对于丛书整体框架的把握；感谢各分册作者辛苦的野外考察和通宵达旦的案头工作；感谢刘冰协助我完成书稿质量把关和图片排版等重要而烦琐的工作，感谢严岳鸿、陈彬、刘夙、李敏和孙英宝等诸位年轻朋友的热情和奉献。同时也非常感谢科技部平台项目的资助；感谢普兰塔论坛(http://www.planta.cn)的"塔友"为本书的编写提出的宝贵意见，感谢读者通过亚马逊(http://www.amazon.cn)和豆瓣读书(http://book.douban.com)等对本书的充分肯定和改进建议。

尽管因时间仓促，疏漏之处在所难免，但我们还是衷心希望本丛书的出版能够推动中国植物科学知识的普及，让人们能够更好地认识、利用和保护祖国大地上的一草一木。

马克平 于北京香山
2014年9月2日

本册简介 Introduction to this book

苔痕上阶绿，草色入帘青。

——【唐】刘禹锡《陋室铭》

苔藓植物不就是青苔吗？可能你都会这么认为，其实这是一个误解。大多数人所称的"青苔"，并不是一个严格意义上的科学术语，而是泛指包括藻类、苔藓、地衣和小型的蕨类。它们常见于阴暗、潮湿的沟边或石阶上，不小心，还会令人滑倒。那什么是苔藓植物呢？

苔藓植物常被认为是植物界最简单和最原始的类群之一，起源于约4亿年前，它们的祖先类似于现存的绿藻类，它们出现在地球上的时间远比有花植物要早。苔藓植物包括苔类、藓类和角苔类三大类，相互之间形态差异极大，但由于有相似的生活史，因此常常把它们归在一起，统称为苔藓植物。与蕨类和有花植物不同，它们体内没有一套承担支撑和运输营养物质功能的输导系统——维管组织（由木质部和韧皮部组成），因此它们也被称为非维管植物；它们不会开花、结果，而是通过产生孢子来繁殖，因而也被称为孢子植物或隐花植物；与蕨类和有花植物相似，在有性生殖过程中，精、卵结合受精后，发育成胚，进而长成孢子体，因而也被称为有胚植物或高等植物。

苔藓植物有着与其他类别植物截然不同的特征。主要表现在：1）没有维管组织，因而体型矮小，通常不过几厘米高；2）世代交替中以配子体世代占优势，孢子体较为退化，完全寄生在配子体上，依赖配子体生存；3）属变水性植物，苔藓植物体内的水分含量能随环境条件的改变而变化，因而具有极强的耐旱能力。即便在经历长期的干旱后，遇水便能快速地恢复生机。

苔藓植物个体虽小，却具备特别巨大的生态功能。在北温带森林、沼泽地和高山森林生态系统中，苔藓植物在维持水分平衡、减少土壤侵蚀、固碳（主要是二氧化碳和甲烷）及减缓全球变暖等方面有着不可替代的作用；另外，它们也是不毛之地和受干扰后的次生生境的先锋植物，它们常常能将贫瘠的岩石和土壤

4

转变成适合维管植物种子萌发和生长的生境；苔藓植物也是很多小型无脊椎动物和昆虫的栖息场所、食物来源和某些鸟类的筑巢材料。在经济价值方面，由于苔藓植物具有非常惊人的吸水特性，常常被用作植物远距离运输的包覆材料以及培养一些珍贵观赏植物的基质，比如兰花；它们也是目前兴起的建造微缩景观、盆景和花艺设计的主要材料之一；在中国大陆，有60余种在民间用于药用，最有名的当数暖地大叶藓，它在治疗心血管疾病上有特殊的疗效；在北美洲和欧洲，还常常用泥炭藓形成的泥炭作为发电厂的原料；由于苔藓植物体表缺少角质层，叶片多为一层细胞厚，空气或雨水中的污染物较为容易地被植物体吸收，因此，它们受到污染物的毒害也就比维管植物来得迅速和严重，因而也常作为环境污染的指示植物。

除海洋和温泉外，苔藓植物几乎遍布世界各地。从热带雨林到寒带的冻原，从绿洲到沙漠，从南、北两极到地球的第三极——青藏高原，到处都有它们的踪迹。它们种类繁多，是仅次于被子植物的第二大植物类群，全世界有近2万种。中国的疆域辽阔，地形、地貌变化多端，气候类型多样，孕育了丰富的生物多样性。我国是世界上生物多样性最为丰富的国家之一，苔藓植物也不例外，约有3000种，占全世界种类的约15%，西南和华南山区是多样性中心。我国也是很多珍稀苔藓植物的产地，包括圆叶裸蒴苔、东亚虫叶苔、秦岭囊绒苔、台湾角苔、藻藓（旧称藻苔）、疣黑藓、多形凤尾藓、湿隐蒴藓、兜叶藓、锡金黄边藓、背凸黄藓、中华细枝藓、树发藓，等等。

当您在户外远足时，请带上一枚手执放大镜（放大倍数5～10倍即可，最好自带光源，以便在光线弱的时候使用）、相机（连同三脚架）和一把小的喷壶，再连同这本书，您就可以尝试认识苔藓并欣赏其独特之美了。放大镜可以让您看清苔藓的体态和色泽、叶的排列样式和形状、中肋的有无和长短、孢蒴及蒴帽的形状等特征；三脚架主要用于提高照片的拍摄质量和清晰度；由于苔藓植物是变水性植物，在旱季或者连续天晴时，与湿润状态时相比，体态会发生较大的改变。这时，喷壶就可以派上用场了。用喷嘴对准苔藓喷一点点水，等候1分钟左右，奇迹便发生了，了无生气的苔藓便会恢复充满生机的状态，像被施了魔法一般，这时，您便可以观察了。如果照了相片，想确认是什么种类，可以发到普兰塔论坛的"苔藓、地衣和藻类植物学"板块，有包括本书作者在内的许多热心人士会提供帮助。

苔藓植物的准确鉴定主要依赖显微特征。对大多数的种类而言，单纯依靠野外原色照片，鉴定颇为不易。因此，除了每种均附有至少一张照片外，绝大多数的茎叶体苔类和藓类还提供了叶片和腹叶（具腹叶种类）的形态线条图，便于使用者借助放大镜或解剖镜加以鉴定。（因叶状体苔类和角苔类的外形线条图对于鉴定意义不大，所以本书不提供。）另外，本书的描述尽量避免过多地使用显微特征，而且尽可能标准化，便于使用者对相关种类进行对比。

本书中物种的分布区，主要根据相关植物志等志书的报道和我们自己的研究总结而成。遗憾的是，部分种类的分布区，仅到省级行政区，而并没有到县一级，所以在做分布图时（分布图是以县级行政区为基点），就不能把该省加上去，导致分布区和分布图出现不一致，恳请读者留意。

本书所附的检索系统完全是人为的。因为某些种类的性状有过渡，所以难免会有偏差，请读者留意。如果需要进行准确鉴定，请参阅《中国苔藓志》《中国高等植物（第一卷）》和 *Moss Flora of China*（*English Version*）等相关的专著。

与其他类别的植物相比，苔藓植物受到的研究和关注较少。除了较为专业的植物志书外，普及性的书籍极为鲜见，对爱好者和园艺工作者带来诸多不便。有鉴于此，我们特别编写了这本野外识别手册。通过它，希望能提供有关苔藓植物的基本知识，以及在野外如何识别常见的苔藓植物及欣赏苔藓之美。希望本书能成为自然爱好者、相关园艺工作者和"驴友"们的好伙伴。

使用说明 How to use this book

　　本书的检索系统采用目录树形式的逐级查找方法。先按照植物的体态分为叶状体（即没有茎、叶的分化，形似海带）和茎叶体（有茎、叶的分化）两大类。叶状体再按孢子体是否为角状分为角苔类和叶状体苔类，叶状体苔类又按背面是否具气孔再加以划分。茎叶体先按叶的列数、体态、中肋有无、叶是否具裂瓣等分为茎叶体苔类和藓类；茎叶体苔类按是否具腹叶和侧叶的排列方式继续向下划分；藓类则根据叶细胞的层数、中肋是否具附属物、植物体是否扁平或辐射状、分枝方式和孢蒴的着生位置、中肋数量及长短再继续划分。

1. 叶状体

1.1 孢子体为角状（角苔类）·······················16～20

1.2 孢子体球形、椭球形或圆柱形（苔类）

　　1.2.1 叶状体背面无气孔···························20～32
　　1.2.2 叶状体背面具气孔···························34～44

1.1

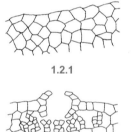

1.2.1

1.2.2

2. 茎叶体

2.1. 叶2～3列，扁平着生，不具中肋，多具裂瓣（苔类）

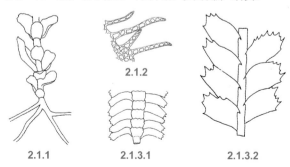

2.1.1

2.1.2

2.1.3.1

2.1.3.2

2.1.4.1　　　**2.1.4.2**　　　**2.1.4.2.1**

2.1.4.2.2

2.2.1　　　　　**2.2.2.1**

2.2.2.2.1.1　　　　**2.2.2.2.1.2**　　　　**2.2.2.2.1.3**

2.2.2.2.2 植物体多匍匐，多分枝，孢蒴侧生

2.2.2.2.1.4　　　　**2.2.2.2.2.1**　　　　**2.2.2.2.2.2**

2.2.2.2.2.3　　　　**2.2.2.2.2.4**　　　　**2.2.3**

苔藓植物生活史

　　苔藓植物的配子体是有性世代的植物体，由假根、假茎（以下简称茎）、假叶（以下简称叶）组成。配子体成熟时，产生雌雄生殖器官——精子器和颈卵器，它们分别产生精子及卵子。成熟的精子具两条鞭毛，借助于水，游动到颈卵器，与卵结合、受精，发育成胚，进

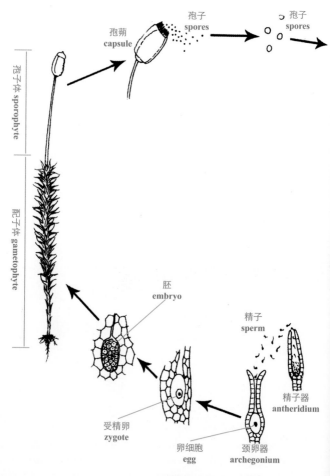

苔藓植物生活史 Life cycle of a moss

而发育成孢子体。孢子体是无性世代的植物体，由蒴柄、孢蒴和蒴帽（其实为配子体残留，具保护孢蒴功能）组成。孢子体不能独立生存，需依靠配子体提供营养物质和水分。蒴柄具支持作用，孢蒴内产生具繁殖功能的孢子。孢子成熟后，孢蒴的蒴齿能随空气湿度的变化做伸缩运动而将孢子弹出，随风散布到合适的生境，萌发成原丝体，然后由原丝体上产生的芽体发育成配子体。

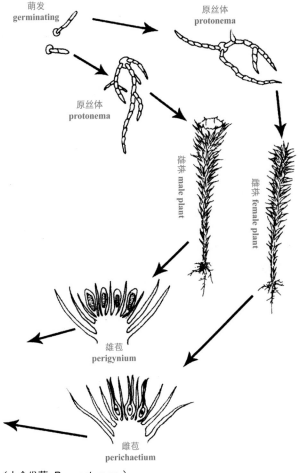

（小金发藓 *Pogonatum* sp.）

苔藓植物的主要类群及形态

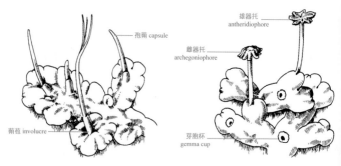

角苔类（黄角苔 *Phaeoceros laevis*）

叶状体苔类（地钱 *Marchantia polymorpha*）

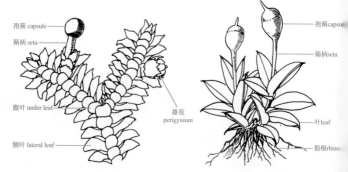

茎叶体苔类（原鳞苔 *Archilejeumea* sp.）

藓类（立碗藓 *Physcomitrium sphaericum*）

术语图解 Illustration of Terminology

分枝形式 Branching forms

一回羽状分枝 unipinnate

二回羽状分枝 bipinnate

三回羽状分枝 tripinnate

叶形 Variation of leaves

亮叶珠藓
Bartramia halleriana

大灰藓
Hypnum plumaeforme

东亚泽藓
Philonotis turneriana

扭叶灰气藓
Aerobryopsis parisii

橙色锦藓
Sematophyllum phoeniceum

东亚雀尾藓
Lopidium nazeese

舌叶羽枝藓
Pinnatella ambigua

锦丝藓
Actinothuidium hookeri

羽叶锦藓
Sematophyllum subpinnatum

细叶真藓
Bryum capillare

扭口藓
Barbula unguiculata

黑茎黄藓海南变种
Distichophyllum subnigricaule var. hainanense

柔叶立灯藓
Orthomnion dilatatum

新船叶藓
Neodolichomitra yunnanensis

东亚孔雀藓
Hypopterygium japonicum

柔叶毛柄藓
Calyptrochaeta japonica

舌叶拟平藓
Neckeropsis semperiana

兜叶蔓藓
Meteorium cucullatum

尖叶泥炭藓
Sphagnum capillifolium

背翅 前翅

网孔凤尾藓
Fissidens polypodioides

鞘部

日本鞭苔
Bazzania japonica

刺叶护蒴苔
Calypogeia arguta

双齿异萼苔
Heteroscyphus coalitus

多枝羽苔
Plagiochila fruticosa

林地合叶苔
Scapania nemorea

筒萼苔
Cylindrocolea recurvifolia

长角剌叶苔
Herbertus dicranus

13

齿边广萼苔
Chandonanthus hirtellus

暗绿耳叶苔
Frullania fuscovirens

圆叶裸蒴苔
Haplomitrium mnoides

云南耳叶苔
Frullania yunnanensis

原鳞苔
Archilejeunea polymorpha

南亚紫叶苔
Pleurozia acinosa

硬指广萼苔
Lepidozia vitrea

苔类的腹叶叶形 Variation of underleaves of liverworts

顶脊耳叶苔
Frullania physantha

达乌里耳叶苔
Frullania davurica

原鳞苔
Archilejeunea polymorpha

日本鞭苔
Bazzania japonica

硬须苔
Mastigophora diclados

南亚紫叶苔
Pleurozia acinosa

暗绿耳叶苔
Frullania fuscovirens

喙叶鞭苔
Bazzania pearsonii

南亚异萼苔
Heteroscyphus zollingeri

硬指叶苔
Lepidozia vitrea

毛叶苔
Ptilidium ciliare

毛边光萼苔
Porella perrottetiana

齿边广萼苔
Chandonanthus hirtellus

中肋 Nerves

中肋单一，突出叶尖呈芒状
single, excurrent and ending in an awn

中肋单一，及顶
single, percurrent

中肋单一，长达叶中部以上
single, reaching above the middle of leaf

中肋2条，短弱
double, short and weak

中肋缺失
absence

叶边 Leaf margins

全缘
entire

微齿
crenate

细锯齿
serrulate

锯齿
serrate

毛状齿
spinose

双齿
double serrate

叶细胞 Shapes of leaf cells

方形
quadrate

长方形
rectangular

六边形
hexagonal

菱形
rhomboidal

圆形
rounded

长菱形
long rhomboidal

六边形，具三角体
hexagonal, with trigones

线形，壁加厚且具壁孔
linear, with thick-walled and porose

14

藓类蒴帽形态 Shapes of calyptra of mosses

钟状 mitriform   兜状 cucullate

藓类孢子体 Sporophyte of a moss   **孢蒴形态** Variation of capsules

蒴帽 calyptra
蒴盖 operculum
孢子 spores
蒴齿 peristome
孢蒴 capsule

苔类孢蒴 capsules of liverworts

藓类孢蒴 capsules of mosses

藓类蒴齿的类型 Types of peristomes of mosses

单层蒴齿
single peristome

双层蒴齿
double peristome

金发藓类的舌形蒴齿
lingulate teeth of a
Polytrichaceous peristome

无性繁殖体类型 Types of asexual reproductive bodies

内生芽胞 endogenous gemma
(小叶叶苔 Anastrophyllum minutum)

芽胞 gemma
(阔瓣疣鳞苔 Cololejeunea latilobula)

芽胞 gemma
(楔瓣地钱东亚亚种 Marchantia emarginata subsp. tosana)

芽胞 gemma
(高山红叶藓 Bryoerythrophyllum alpigenum)

芽胞 gemma
(锤地凤尾藓 Fissidens flaccidus)

芽胞 gemma
(八齿藓 Octoblepharum albidum)

芽胞 gemma
(细叶真藓 Bryum capillare)

球芽 bulbil
(密叶泽藓 Philonotis hastata)

块根 tuber
(湿生沼藓 Noteroclada confluens)

15

角苔类

台湾角苔　角苔科　角苔属

Anthoceros angustus

táiwānjiǎotái

　　叶状体中等大，匍匐群生，湿润时亮绿色，干燥时暗绿色，叉状分枝，中肋分化不明显，叶状体内部有黏液腔①。雌雄异株。成熟的精子器长椭圆形，埋藏于叶状体背面，精子器壁细胞4层。孢蒴角状，长达10cm，成熟后2裂，螺旋状旋卷，蒴壁具气孔；孢子四分孢子型，近黑色，直径30～41μm；假弹丝（某些角苔类的孢子体内部组织形成的条、块形结构，有助于孢子散布）由3～4个细胞构成，部分细胞壁加厚（本页右图）。叶状体边缘有众多近圆球形或椭球形芽胞①。

　　产于广东、台湾、云南。生于泥土上。

　　识别要点：叶状体边缘有多数近圆球形或椭球形芽胞。

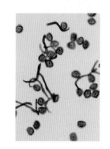

褐角苔　角苔科　褐角苔属

Folioceros fuciformis

hèjiǎotái

　　叶状体大，密集群生，近圆形，暗绿色，近二歧分枝，无中肋，内部具黏液腔，边缘具不规则裂瓣，裂瓣边缘平滑①，表皮细胞圆方形或不规则长方形，薄壁。雌雄同株。精子器埋藏于叶状体背面，长椭圆形，每个精子器腔中有10～20个精子器。孢蒴角状，长2～3cm，成熟时裂瓣扭曲，表皮细胞线形，厚壁，细胞腔狭；蒴壁具气孔；孢子球形，黑褐色，直径35～40μm；假弹丝线形，壁厚，细胞腔狭（本页右图）。

　　产于澳门、福建、广东、广西、海南、湖南、四川、台湾、香港、西藏、云南、浙江。生于潮湿的石壁或岩面薄土。

　　识别要点：叶状体横切面具黏液腔；假弹丝线形，厚壁。

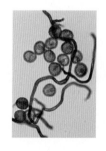

黄角苔

短角苔科 黄角苔属

Phaeoceros laevis

huángjiǎotái

叶状体中等大，圆花状，直径0.5～3cm，绿色或深绿色，叉形分瓣，边缘常有不规则圆形裂瓣或缺刻，叶状体内部无黏液腔①。雌雄异株。精子器常1～3个埋藏于叶状体背面。孢蒴角状，长1～3cm，成熟后呈2裂瓣，蒴壁具气孔；孢子四分孢子型，黄绿色，有疣，直径30～50μm；假弹丝膝曲状，灰褐色，2～3个细胞长，壁有带状加厚条纹（本页右图）。

产于东北及南方大部分省区。多生于人为干扰的生境，如村庄边缘、水沟边阴湿的土壤。

识别要点：叶状体横切面无黏液腔；假弹丝膝曲状。

东亚短角苔

短角苔科 短角苔属

Notothylas javanica

dōngyàduǎnjiǎotái

叶状体小，稀疏或密集丛生，边缘具半圆状的裂瓣，背面近于平滑，绿色或黄绿色，直径约1cm①，叶状体内部具黏液腔，表皮细胞圆角方形或不规则六角形，薄壁，每个表皮细胞有1个大的叶绿体。孢蒴多生于叶状体边缘，短角状，约2/3被苞膜包被，长1～2mm，幼时绿色，成熟时橙黄色，不规则开裂①，蒴壁细胞厚壁，不规则长方形，气孔缺；孢子四面体形，橙黄色，直径38～44μm；假弹丝无（本页右图）。

产于澳门、广东、广西、台湾、西藏。生于沟边湿土或农地。

识别要点：孢蒴多生于叶状体边缘，短角状；假弹丝缺。

东亚大角苔

树角苔科 大角苔属

Megaceros flagellaris

dōngyàdàjiǎotái

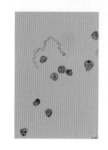

叶状体中等大，片状群生，不规则分枝或叉状分枝，暗绿色，无中肋①，叶状体内部无黏液腔，边缘波曲，表皮细胞小，呈长方形，具2～3个大的叶绿体。精子器埋藏于叶状体背面。孢蒴角状，长2～5cm②，蒴壁无气孔；孢子球形，绿色，表面有疣；假弹丝浅褐色，薄壁，具单螺纹（本页右图）。

产于安徽、广东、广西、贵州、海南、湖南、四川、台湾、香港、云南。生于潮湿的岩石。

识别要点：叶状体横切面无黏液腔；表皮细胞具2～3个大的叶绿体；假弹丝具单螺纹。

溪苔

溪苔科 溪苔属

Pellia epiphylla

xītái

叶状体中等大至大，丛集着生，深绿色①，叉状分枝，边缘波状卷曲，末端心形，上表皮无气孔，无明显中肋①；叶状体边缘细胞长方形，内部细胞无色。雌雄同株。精子器散列于叶状体背面中部。假蒴萼大，高出苞膜之外。蒴柄长达1cm，白色；孢蒴球形（①左下）；孢子大，由多细胞构成，黄绿色。

产于安徽、广东、贵州、山东、四川、云南、浙江等省区。生于山区溪边岩石或湿土上。

识别要点：本种与花叶溪苔的主要区别是叶状体边缘没有花状分瓣。

花叶溪苔　溪苔科 溪苔属
Pellia endiviifolia
huāyèxītái

　　叶状体大，丛集着生，淡绿色或深绿色，尖端心脏形，老时末端常有花状分瓣①，腹面有多数褐色假根，不规则叉状分枝，上表皮无气孔，无明显中肋。雌雄异株。精子器散列于叶状体背面中部。蒴柄细长，透明；孢蒴球形，成熟时4瓣开裂；孢子椭圆状卵形，由多细胞组成，表面有疣，黄绿色。

　　产于东北、西北、西南各省区。生于阴湿岩面或湿土上。

　　识别要点：植物体老时末端常有花状分瓣。

南溪苔　南溪苔科 南溪苔属
Makinoa crispata
nánxītái

　　植物体扁平，宽带状，柔软，暗绿色或褐绿色，叉状分枝，边缘波状①，上表皮无气孔，中肋背部略下凹，腹面密生假根，有多细胞的黏液毛。雌雄异株。精子器丛生于叶状体背面近前端，由多裂瓣的苞片包围；雌苞芽状，由单一或多数鳞片来保护。蒴柄柔弱，长约2～3cm，透明；孢蒴长椭圆形，深褐色，成熟时纵裂成2瓣，顶端有大的弹丝座；蒴壁细胞壁呈半环状加厚。

　　产于南方大部分省区。多见于山地林下沟谷中潮湿的岩面或岩面薄土。

　　识别要点：孢蒴长椭圆形，开裂后具弹丝座。

多形带叶苔　带叶苔科　带叶苔属

Pallavicinia ambigua

duōxíngdàiyètái

　　叶状体丛生，黄绿色或绿色，主茎匍匐，不规则稀疏分枝、一至二回叉状分枝或不分枝，分枝叶片状，基部具长柄①，柄长0.5～1cm，直立或倾立，舌形或狭舌形，边缘有微波纹或少数毛，上表皮无气孔；中肋粗，宽约0.3mm；叶状体细胞单层，长方形或六边形。雌雄异株。假蒴萼钟形，口部截齐，流苏状，颈卵器多个，丛生于其中。

　　产于贵州、海南、四川、台湾。生于溪边湿石或土上。

　　识别要点：叶状体主茎匍匐，分枝基部具长柄。

暖地带叶苔　带叶苔科　带叶苔属

Pallavicinia levieri

nuǎndìdàiyètái

　　叶状体中等大，宽带状，稀疏或密集匍匐丛生，绿色或深绿色，少分枝或叉状分枝①②，边缘齿不明显或缺，中肋不明显分化，上表皮无气孔，中部细胞长方形或长六边形，薄壁，油体（常见于新鲜苔类细胞中有别于叶绿体的非绿体的颗粒状结构，常含有特殊的次生代谢物）纺锤形，每个细胞超过10个。雌雄同株。颈卵器生于中肋背面，聚生，周围有碗状的假蒴萼包围②；精子器聚生叶状体背面尖端①。

　　产于广东、广西、贵州、湖南、台湾、云南。生于沟边湿石上。

　　识别要点：无明显匍匐主茎分化；精子器聚生叶状体背面尖端。

苔类

带叶苔　　带叶苔科 带叶苔属

Pallavicinia lyellii

dàiyètái

　　叶状体大型，宽带状，密集或稀疏匍匐丛生，绿色或深绿色，少分枝或叉状分枝①，边缘具2～3个细胞组成的多细胞齿，齿偶不明显或缺，上表皮细胞无气孔；中肋多明显分化①；中部细胞长方形或长六边形，薄壁，油体纺锤形，每个细胞超过10个。雌雄同株。颈卵器聚生于中肋背面，周围有碗状的假蒴萼包围①；精子器2列，生于叶状体背面中肋两侧。蒴柄狭长，长约2cm；孢蒴狭圆柱形（①左上）。

　　产于澳门、广东、广西、贵州、海南、湖南、江西、辽宁、山东、四川、台湾、香港、云南、浙江。生于林下湿石或土上。

　　识别要点：叶状体大，宽带状，边缘常具2～3个细胞组成的多细胞齿。

长刺带叶苔　　带叶苔科 带叶苔属

Pallavicinia subciliata

chángcìdàiyètái

　　植物体长带状，垫状匍匐丛生，深绿色或亮绿色，二叉分枝，基部宽，往上渐尖，有时呈鞭状①，边缘有长毛，上表皮细胞无气孔；腹鳞片单细胞，成对生于近生长点腹面；中肋明显，背腹面凸出，界线清楚①。雌雄异株。精子器生于中肋背面，总苞半球形。蒴柄细长；孢蒴长椭圆形。

　　产于澳门、广东、广西、台湾、云南。生于溪边湿石上。

　　识别要点：植物体长带状，往上渐尖，边缘有长毛；中肋明显。

绿片苔 绿片苔科 绿片苔属

Aneura pinguis

lǜpiàntái

　　叶状体中等大到大，黄绿色至深绿色，有光泽①，单一或不规则分枝，分枝尖端圆钝，边缘波状①，上下表皮细胞与内部细胞同形，向边缘渐薄，叶边2～3个单层细胞，上表皮细胞无气孔。雌雄异株。精子器生于叶状体边缘腹面短枝上。蒴柄长2～5cm；孢蒴椭圆形，成熟时红褐色，4瓣开裂。

　　产于澳门、贵州、吉林、台湾、香港和云南。生于林下湿石上。

　　识别要点：叶状体大；横切面中部较厚；孢蒴椭圆形。

羽枝片叶苔 绿片苔科 片叶苔属

Riccardia multifida

yǔzhīpiànyètái

　　叶状体小到中等大，深绿色至褐绿色①，多数规则密二至三回羽状分枝①，上表皮细胞无气孔；中肋无；表皮细胞较透明，无油体；无气孔。雌雄同株。雄枝侧生，具5～10个精子器。孢蒴长椭圆形，黑褐色；弹丝红褐色，具螺纹；孢子平滑，淡黄色。

　　产于澳门、黑龙江、吉林、台湾、云南等省区。多生于水沟边湿石上。

　　识别要点：叶状体深绿色至褐绿色，规则密二至三回羽状分枝。

毛叉苔　叉苔科 毛叉苔属

Apometzgeria pubescens

máochātái

　　叶状体中等大到大，黄绿色，叉状分枝或近羽状分枝，边常波状①，全缘，背腹面密被刺毛，内部细胞与表皮细胞近于同形，上表皮细胞无气孔；中肋明显①，背腹面多具5～7列表皮细胞；翼细胞单层，在中肋两侧各15～23个细胞。雌雄异株。雄株较小且狭，生于叶状体腹面，内卷呈球形，表面具毛；雌株较宽而大，心形或近心形。

　　产于黑龙江、吉林、辽宁、陕西、四川、台湾、云南等省区。生于林下土面或树干基部。

　　识别要点：叶状体背腹面均密被刺毛。

毛地钱　魏氏苔科 毛地钱属

Dumortiera hirsuta

máodìqián

　　叶状体大，扁平着生，深绿色，多少透明，表面被毛，多二歧分枝①，尖端内凹呈心脏形②；中肋无；叶状体背面具类似于蜘蛛网的白色网纹②，表皮细胞不规则凸起，无气孔，腹鳞片2列。雌雄异株。雄器托圆盘形，中央凹陷，边缘有毛，托柄短④；雌器托柄细长，透明③。孢蒴球形，6～10个，通过透明短柄倒挂在雌器托托盘上③。

　　产于华中和南方各省区。生于阴湿土壤或岩石表面。

　　识别要点：叶状体背面具类似于蜘蛛网的白色网纹，表皮细胞不规则凸起；雄器托圆盘形，边缘有毛。

单月苔　单月苔科 单月苔属

Monosolenium tenerum

dānyuètái

　　叶状体大，密集垫状，绿色、黄绿色或深绿色，二歧分枝，叶状体背面不具气孔①；中肋多少明显，横切面中央细胞厚，向两翼逐渐变薄；腹鳞片小，2列，狭三角形或带状；表皮细胞圆角方形或六边形，叶绿体多，基本上占满了整个细胞腔；油细胞（某些苔类细胞，细胞腔常被一个大的油滴充满，颜色比周边细胞深）散生于表皮细胞间，褐色③。雌雄同株。雌器托生于叶状体顶端，具短柄，长约2mm，横切面具2条假根槽，托盘平坦②；雄器托生于叶状体近尖端，无柄，面团状②。

　　产于澳门、广东、台湾、云南。生于阴湿土壤上。

　　识别要点：叶状体背面具散生的褐色油胞。

浮苔　钱苔科 浮苔属

Ricciocarpus natans

fútái

　　叶状体肥厚，海绵状，半圆至近圆形，鲜绿色或暗绿色，直径1～2cm，二至三回二歧分枝，分枝心脏形①，背面中央有沟；有中肋①；无气孔；腹面有长带状褐色或紫红色鳞片。雌雄同株。颈卵器与精子器均埋藏于叶状体背面组织中。孢子直径45～55μm，黑褐色，有凸起网状花纹。

　　产于福建、黑龙江、辽宁、四川、台湾、云南等省区。生于养分丰富的沼泽地或水田中。

　　识别要点：叶状体漂浮于水体中，半圆至近圆形，腹面有长带状褐色或紫红色鳞片。

皮叶苔 皮叶苔科 皮叶苔属

Targionia hypophylla

píyètái

　　叶状体中等大，短带状，暗绿色，叉状分枝
①；中肋无①；背表皮细胞六边形，具角隅加厚；
气孔单一型，孔边5～6个细胞，狭长形，多列；腹
鳞片2列，呈不规则半圆形，紫红色，附器顶端长
毛状。雌雄同株或异株，雌苞生于叶状体尖端，蚌
壳状，成熟时黑色，孢蒴隐藏于其中。雄苞未见
①。蒴壁细胞有环纹。

　　产于河北、黑龙江、河南、湖北、吉林、辽
宁、四川、云南。生于岩面薄土。

　　识别要点：叶状体背表皮细胞六边形，具角隅
加厚；雌苞蚌壳状，黑色。

光苔 光苔科 光苔属

Cyathodium cavernarum

guāngtái

　　叶状体中等大，柔薄，扁平，淡黄绿色，在暗
处常闪荧光，叉状分枝，尖端钝，裂片状①，假根
生于叶状体腹面，无色或褐色；腹鳞片少，由2～3
个细胞构成，透明；叶状体背面具气孔，表皮细胞
无油体。雌雄同株。雄器托生于叶状体尖端凹陷
处，壶形；雌苞生于叶状体腹面。孢蒴短柱状；孢
子球形，直径40～80μm。

　　产于四川、云南。生于石灰岩地区潮湿和阴暗
的石上或土壤上。

　　识别要点：植物体柔弱，淡黄绿色，常闪荧
光。

半月苔　半月苔科 半月苔属

Lunularia cruciata

bànyuètái

　　叶状体较大，鲜绿色，波状皱卷，多次分枝呈圆花状①；中肋无；表皮细胞近方形，无色；气孔简单型，由6个细胞围成；腹鳞片2列，半月形，附器常内卷呈耳状，基部收缩。雌雄异株。雄器托生于雄株边缘裂瓣上；雌器托生于雌株边缘凹陷处。孢蒴卵圆形，成熟时呈4裂瓣；孢子小，亮褐色；弹丝2条螺纹。在叶状体背面具半月形的芽胞杯①。

　　广布于长江流域以北省区。生于阴湿泥土。

　　识别要点：叶状体背面具半月形的芽胞杯。

蛇苔　蛇苔科 蛇苔属

Conocephalum conicum

shétái

　　叶状体大，宽带状，革质，深绿或黄绿色，有光泽①，多回二歧分枝，背面有肉眼可见的六角形或菱形气室，每室中央有1个单一型气孔，营养丝顶端细胞长梨形，基部粗，有细长尖；有中肋，中肋区细胞中有油体和黏液细胞；腹面有假根，两侧各有1列深紫色鳞片。雌雄异株。雌器托钝头圆锥形，黄褐色，有无色透明的长托柄，长3～5cm，着生于叶状体背面尖端②；雄器托圆盘状，紫色，无柄，贴生于叶状体背面③④。

　　产于南北各省区。生于林下溪边石或土上。

　　识别要点：叶状体背面具肉眼可见的气室。

小蛇苔 蛇苔科 蛇苔属

Conocephalum japonicum

xiǎoshétái

叶状体中等大，狭带状，淡绿色至浅黄色，无光泽，多回二歧分叉①，尖端边缘密生圆盘状芽胞（①左上），背面有小型气室，每室中央有1个单一型气孔，营养丝顶端细胞短梨形，无细长尖；有中肋，中肋区细胞中有油体和黏液细胞；腹面有假根，两侧各有1列深紫色鳞片。雌雄异株。雌器托钝头圆锥形，黄褐色，有无色透明的长托柄，长约2cm，着生于叶状体背面尖端；雄器托椭圆盘状，紫色，无柄，贴生于叶状体背面。

产于贵州、辽宁、江西、陕西、台湾、香港、云南等省区。生于林下溪边土上。

识别要点：叶状体边缘密生圆盘状芽胞。

紫背苔 瘤冠苔科 紫背苔属

Plagiochasma rupestre

zǐbèitái

叶状体大，扁平带状，革质，暗绿色，有光泽，腹面深褐色，常叉状分枝①，横切面同化组织约为叶状体厚的一半；背面的中肋线较明显；气孔比较小；腹鳞片大，覆瓦状排列，阔三角形，具2~3条披针形附器，紫红色，常有透明油细胞。雌雄同株。雄器托状，生于叶状体末端；雌器托托柄短，高约2~4mm，横切面具1条假根沟，托盘圆锥形，上部具瘤状突起；孢子体3~5个倒挂于雌器托上。

产于东北及西南各省区。生于土坡或石面薄土。

识别要点：叶状体革质，暗绿色，腹面黑红色。

石地钱　瘤冠苔科　石地钱属

Reboulia hemisphaerica

shí dì qián

　　叶状体大，扁平带状，革质，深绿色，无光泽，腹面紫红色，二歧分枝，尖端心形①；中肋无；气孔单一型，略凸出；腹鳞片呈覆瓦状排列，两侧各有1列，紫红色，具2～4枚丝状附属物。雌雄同株。雄器托无柄，贴生于叶状体背面中部，圆盘状；雌器托生于叶状体顶端，托柄长约2～3cm，托盘半球形，4～7瓣裂①②；孢蒴球形。

　　产于南北各省区。生于干燥的石壁、土坡和岩缝土上。

　　识别要点：叶状体扁平带状；雌器托托柄长约2～3cm，托盘半球形。

楔瓣地钱东亚亚种　地钱科　地钱属

Marchantia emarginata subsp. *tosana*

xiē bàn dì qián dōng yà yà zhǒng

　　叶状体大，淡黄绿色或暗绿色，边紫红色，全缘，叉状分枝，无明显中线①，背表面常具表皮瘤；气孔小①；腹鳞片附器卵形，常紫色，8～14个细胞宽。芽胞杯边缘具小裂瓣，线形，高2～3个细胞，芽胞不规则圆盘状。雌雄异株。雌器托生于叶状体尖端，8～12个裂瓣，深裂，宽片状③；雄器托生于叶状体尖端，6～9裂瓣，圆盘形浅裂，有缺刻②。

　　产于广东、广西、四川、台湾、云南。生于阴湿土壤或石上。

　　识别要点：叶状体背面无明显中线；芽胞杯边缘具小裂瓣，线形。

粗裂地钱凤兜亚种　　地钱科 地钱属

Marchantia paleacea subsp. *diptera*

cūlièdìqiánfèngdōuyàzhǒng

　　叶状体大，淡绿色或鲜绿色，边缘紫红色，连续叉状分枝，边全缘，有时波曲①；具气孔，常有5~6个细胞环绕；腹鳞片附器锐尖或具2个细胞毛尖，稀钝或圆钝，边缘有不规则齿突或钝齿。雌雄异株。雄器托直径4~8mm；雌器托6~8mm，具对称的2大裂瓣，呈翅状①。

　　产于广东、湖北、四川、台湾、云南。生于阴湿的岩石或土上。

　　识别要点：雌器托具对称的2大裂瓣，呈翅状。

地钱　　地钱科 地钱属

Marchantia polymorpha

dìqián

　　叶状体大，宽带状，暗绿色，多回二歧分枝，边缘多波曲②；背面具六角形整齐排列的气室分隔，气孔烟囱形，孔口边细胞4列，呈十字形排列；腹鳞片紫色，4~6列，附器圆形。芽胞杯边缘具粗齿。雌雄异株。雄器托盘状，波状浅裂成7~8瓣①，精子器生于托的背面，托柄长约2cm；雌器托扁平，深裂成9~11个指状裂瓣，孢蒴着生于托的腹面③。

　　产于南北各省区。生于阴湿土坡或岩石上。

　　识别要点：雄器托盘状，波状浅裂成7~8瓣；雌器托裂瓣指状、细长；芽胞杯边缘具粗齿。

叉钱苔　钱苔科 钱苔属
Riccia fluitans
chāqiántái

　　叶状体小到中等大，扁平狭带状，黄绿色，沉水时分枝稀疏、狭长，陆生时分枝粗短，多回二歧分枝①；中肋无①；叶状体横切面同化组织的气室多角形，其间有单层绿色细胞相间隔；气孔小，周围4～6个细胞。雌雄同株。孢子直径70～90μm，黄褐色半透明，具网格状凸起花纹。

　　产于福建、黑龙江、辽宁、台湾、云南等省区。生于苗圃、农地、绿化带水沟边。近年来，特别在日本和东南亚地区，本种被大量人工繁殖，广泛用在水族箱中，变成一种完全沉水的植物，体态非常优雅。

　　识别要点：叶状体狭带状，多回二歧分枝。

钱苔　钱苔科 钱苔属
Riccia glauca
qiántái

　　叶状体小到中等大，放射状圆盘形，稀疏或密集着生，淡绿色或嫩黄色，直径0.5～2cm，一至三回二歧分枝，分枝心脏形或楔形，背部有沟，气孔小且不明显，横切面宽为厚的2～2.5倍，背面稍凹①，腹面凸；同化组织气室条带状，营养丝单列细胞，平行排列。雌雄同株。孢蒴单个埋藏于叶状体内部，球形；孢子暗褐色，近球形，有规则的网状凸起网纹，具透明嵌边。

　　产于黑龙江、辽宁、台湾、云南等省区。生于苗圃或农地。

　　识别要点：叶状体呈放射状圆盘形。

圆叶裸蒴苔　裸蒴苔科　裸蒴苔属

Haplomitrium mnioides

yuányèluǒshuòtái

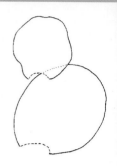

植物体中等大，肉质，散生，淡绿色或鲜绿色①。茎有地上茎和地下茎之分；地下茎横生，呈肉质根状；地上茎直立或倾斜，不分枝。叶为3列着生，侧叶较大，圆形或椭圆形（线条图下），长大于宽，全缘；叶细胞六边形，薄壁，单层。腹叶较小（线条图上），横生茎上，与侧叶相似。雌雄异株。雄株顶端聚生多个精子器，成熟时黄色①。孢蒴长椭圆形，褐色，成熟后4瓣纵裂。

产于长江以南各省区。生于林下沟边湿土。

识别要点：植物体肉质；茎有地上茎和地下茎之分；叶圆形或椭圆形，全缘。

绒苔　绒苔科　绒苔属

Trichocolea tomentella

róngtái

植物体大，蓬松绒毛状，交织丛生，黄绿色或浅绿色，略具光泽①。茎匍匐，横切面20~30个细胞粗，不规则二至三回规则羽状分枝；侧叶4裂近达基部（线条图），基部到裂口2~4个细胞高，裂瓣边缘具单列细胞组成的多数纤毛；叶细胞长方形，薄壁，透明。腹叶与侧叶近同形。孢蒴长椭圆形，棕褐色。

产于福建、海南、湖南、江西、陕西、四川、西藏、云南、浙江。生于溪边岩面或湿土。

识别要点：植物体蓬松绒毛状，密集羽状分枝；侧叶4裂近达基部。

毛叶苔 毛叶苔科 毛叶苔属

Ptilidium ciliare

máoyètái

植物体粗壮，大片稀疏交织生长，黄绿色或褐绿色，具光泽①。茎尖端多倾立，一至二回不规则羽状分枝①。侧叶3~4裂（线条图下），掌状，裂瓣达1/3~1/2深裂，裂片基部15~20个细胞宽，边缘有多数毛状突起；叶细胞卵圆形，有明显壁孔，壁不均匀节状加厚。腹叶比侧叶小（线条图上），浅2~4裂，边缘被长毛。孢蒴卵圆形，红棕色，成熟时4瓣裂。

产于黑龙江、吉林、内蒙古、云南。生于腐殖质、树干基部。

识别要点：植物体粗壮；叶掌状，3~4裂。

硬须苔 复叉苔科 须苔属

Mastigophora diclados

yìngxūtái

植物体大，膨松丛集，褐绿色，长达2cm①。茎匍匐，尖端倾立，密集时直立，一至二回羽状分枝，分枝尖端呈鞭状①。侧叶覆瓦状排列，横生茎上，3裂达1/2，裂瓣阔三角形（线条图下），全缘，背侧裂瓣较大，腹侧裂瓣较小，两侧基部均有披针形的附属物。腹叶小，椭圆形（线条图上），2裂达1/2，裂瓣呈三角形，全缘，基部也具披针形的附属物，有时不明显。

产于海南、台湾。生于林下岩面或树基。

识别要点：侧叶裂瓣阔三角形，全缘，背侧裂瓣较大，腹侧裂瓣较小，基部有披针形附属物。

屋久岛复叉苔
复叉苔科 复叉苔属

Lepicolea yakusimensis

wūjiǔdǎofùchātái

　　植物体粗壮，大片膨松丛生，浅黄绿色，长达5cm①。茎匍匐倾立，不规则羽状分枝，延长枝呈鞭状①。叶蔽前式覆瓦状排列，近横生，长方形（线条图下），3～4裂达1/3～1/2，呈二次复裂状，裂片狭披针形，叶边缘常有数枚毛状齿；叶细胞近似等轴形，基部细胞长方形。腹叶小（线条图上），明显复叉状2裂，边缘具齿。

　　产于海南、台湾。生于林下岩石或树基。

　　识别要点：叶3～4裂，裂片狭披针形，近似等大，复叉状，叶边缘常有毛状齿。

长角剪叶苔
剪叶苔科 剪叶苔属

Herbertus dicranus

chángjiǎojiǎnyètái

　　植物体中等大至粗壮，疏松交织生长，黄褐色至深褐色，长近10cm①。茎分枝常从腹面生出。叶蔽前式覆瓦状排列，偏曲，2裂达1/2～2/3，裂片长披针形（线条图），略弯曲，尖端渐尖，略向一侧偏曲；基部卵形，边全缘或具不规则疏齿，齿尖端具黏液瘤；叶细胞壁薄，三角体呈节状加厚；假肋基部明显内凹。腹叶与侧叶近同形。

　　产于西藏、云南。生于树基或岩面薄土。

　　识别要点：叶2裂达1/2～2/3，裂片长披针形。

爪哇剪叶苔　　剪叶苔科 剪叶苔属

Herbertus javanicus

zhǎowājiǎnyètái

植物体粗壮，疏松交织生长，红褐色，长达8cm①。茎具多数短小而渐尖的匍匐分枝。叶强烈弯曲呈镰刀状（线条图），2裂至叶长的近一半，裂口呈锐角，裂片披针形；叶基膨大，基盘圆肾形，近于全缘；叶细胞角质层平滑或具细瘤；假肋细弱，在基盘中部分叉。腹叶较小，近于两侧对称。

产于广西、四川、云南。生于林下树干或石壁上。

识别要点：叶强烈弯曲呈镰刀状，2裂至叶长的近一半。

白叶鞭苔　　指叶苔科 鞭苔属

Bazzania albifolia

báiyèbiāntái

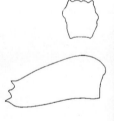

植物体中等大，密集丛生，亮绿色，具光泽，长1.5～3cm①。茎匍匐，叉状分枝，鞭状枝少而短。侧叶蔽前式覆瓦状排列，水平向外伸出，长舌形（线条图下），稍呈镰刀状弯曲，背边弧形，顶端3裂片大小不等。腹叶长方形或阔卵形（线条图上），透明，密集，覆瓦状排列，约为茎宽的2倍。

产于台湾、西藏、云南。生于林下土坡。

识别要点：侧叶密集覆瓦状排列，长舌形；腹叶透明，长方形或阔卵形。

白边鞭苔 指叶苔科 鞭苔属

Bazzania oshimensis

báibiānbiāntái

　　植物体大，平铺丛生，黄绿色或褐绿色，长7cm①。茎匍匐，尖端有时上仰，叉状分枝，鞭状枝多。侧叶蔽前式覆瓦状排列，与茎呈直角伸出，长圆镰刀形弯曲（线条图下），尖端3枚三角形裂瓣；叶尖端细胞近方形，厚壁，中部细胞长方形，薄壁。腹叶近方形（线条图上），透明，细胞壁薄。

　　产于福建、广西、贵州、海南、湖南、四川、云南。生于林下树基或岩面薄土。

　　识别要点：植物体大，茎长达7cm；腹叶近方形，透明，细胞壁薄。

三齿鞭苔 指叶苔科 鞭苔属

Bazzania tridens

sānchǐbiāntái

　　植物体中等大，密集丛生，黄绿色至褐绿色，长1.5～3.5cm①。茎不规则叉状分枝，腹面具鞭状枝。叶蔽前式覆瓦状排列，卵形或长椭圆形（线条图下），稍呈镰刀形弯曲，尖端具3个三角形锐齿，缺刻呈钝角形；叶细胞壁均匀加厚，不具三角体。腹叶近方形（线条图上），透明，贴茎，约为茎的2倍宽，全缘或尖端常具几个三角形钝齿。

　　产于福建、广西、贵州、湖南、吉林、江苏、江西、四川、西藏、云南等省区。生于林下或路边的石头或土坡。

　　识别要点：叶细胞壁均匀加厚，不具三角体；腹叶透明，全缘或尖端常具几个三角形钝齿。

苔类

双齿鞭苔 指叶苔科 鞭苔属

Bazzania bidentula

shuāngchǐbiāntái

植物体细小，小片交织丛生，黄绿色，长约2cm①。茎匍匐，叉状分枝，鞭状枝少。侧叶蔽前式覆瓦状排列，长椭圆形（线条图下），尖端狭，具2齿或全缘，圆钝或稍有小尖头，尖端细胞壁厚，中部细胞壁稍薄。腹叶圆角方形（线条图上），不透明，为茎宽的2～3倍，贴茎着生，基部略收缩，尖端浅2裂，有波状钝齿，两侧边缘全缘。

产于贵州、黑龙江、吉林、四川、西藏和云南。生于林下腐木或树基。

识别要点：侧叶具2齿或全缘；腹叶不透明，圆角方形，尖端有波状钝齿。

日本鞭苔 指叶苔科 鞭苔属

Bazzania japonica

rìběnbiāntái

植物体中等大，片状丛生，油绿色，长达6cm。茎叉状分枝，腹面具鞭状枝①。侧叶蔽前式覆瓦状排列，与茎呈直角伸出，镰刀形弯曲，椭圆形（线条图下），背边呈弧形，尖端截形，具3个锐齿，齿间多钝角。腹叶圆角方形（线条图上），不透明，约为茎宽的2倍，上部背仰，基部变窄，尖端有不规则齿，侧边稍背曲。

产于安徽、福建、广东、广西、贵州、海南、湖南、云南、浙江等省区。生于岩面薄土或树基。

识别要点：侧叶3个锐齿；腹叶不透明，尖端有不规则齿。

苔类

弯叶鞭苔　指叶苔科 鞭苔属
Bazzania pearsonii
wānyèbiāntái

　　植物体纤细，干燥时蓬松硬脆，松散丛生，湿时稍倾立，油绿色或浅褐色，长3～8cm①。茎匍匐，不分枝或仅尖端叉状分枝，侧叶蔽前式覆瓦状排列，三角状卵形（线条图下），稍呈镰刀形弯曲，不对称，背边缘呈弧形弯曲，尖端具2～3枚不等大的齿，齿间呈钝角；叶细胞壁薄，三角体呈节状。腹叶卵圆形（线条图上），不透明，小于茎宽的2倍，边稍外曲，长宽近相等，尖端圆钝，边全缘。

　　产于广西、海南、湖南、西藏、云南。生于林下土坡或树基。

　　识别要点：侧叶三角状卵形，细胞壁薄，三角体呈节状；腹叶不透明，卵圆形。

卷叶鞭苔　指叶苔科 鞭苔属
Bazzania yoshinagana
juǎnyèbiāntái

　　植物体中等大到大，黄绿色或暗绿色，密集丛生，长3～6cm①。茎匍匐，叉状分枝，鞭状枝少。叶蔽前式覆瓦状排列，长椭圆形（线条图下），背边基部弧形，腹边直，尖端具不规则3枚粗齿，齿间钝角。腹叶不透明，背仰，约为茎宽的2倍，基部收缩，边缘反卷，尖端有不规则粗齿（线条图上），两侧边缘平滑或有不规则齿。

　　产于西藏、云南。生于林下岩面薄土。

　　识别要点：叶长椭圆形，尖端具不规则3枚粗齿；腹叶不透明，边缘反卷，尖端有不规则粗齿。

指叶苔　指叶苔科　指叶苔属

Lepidozia reptans

zhǐyètái

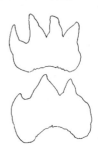

　　植物体中等大，疏松交织成片，淡黄绿色，长1~3cm①。茎匍匐，规则或不规则羽状分枝，腹面分枝鞭状。叶呈稀疏覆瓦状排列，近似方形（线条图下），内凹，背边基部半圆形，3~4裂达1/3~1/2，裂瓣三角形，尖端2~3个单列细胞，不呈毛状尖；盘状基部高5~7个细胞，宽约10个细胞；中部细胞近圆六边形，壁厚。腹叶离生，4裂达近1/3（线条图上），裂瓣短，内曲，尖端较钝。

　　产于全国各地。生于林下腐木或腐殖质。

　　识别要点：叶裂瓣阔三角形，基部高5~7个细胞，宽约10个细胞。

硬叶指叶苔　指叶苔科　指叶苔属

Lepidozia vitrea

yìngyèzhǐyètái

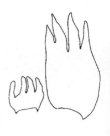

　　植物体细长，疏松或密丛生，绿色至黄绿色，长1~4cm①。茎倾立或匍匐，不规则羽状分枝，枝渐细但不呈鞭状。叶离生，近方形（线条图右），倾立伸出，尖端4裂达1/3~1/2，裂瓣狭三角形，略内曲，基部宽2~3个细胞，尖端锐或钝，高4~5个细胞；盘状基部高3~6个细胞，约8~10个细胞宽；叶中部细胞近方形，壁薄。腹叶较小，长方形（线条图左），尖端4裂达约1/2，裂瓣稍内曲。

　　产于福建、台湾、云南、浙江。生于林下沟边岩面薄土。

　　识别要点：叶裂瓣狭三角形，基部宽2~3个细胞，高4~5个细胞。

刺叶护蒴苔　护蒴苔科 护蒴苔属

Calypogeia arguta

cìyèhùshuòtái

　　植物体细小，紧贴基质密集生长，嫩绿色，长1～2cm①。茎匍匐，具稀疏分枝，有时具鞭状枝。侧叶长卵形（线条图下），离生或稀疏相接排列，基部下延，尖端稍窄，具2个明显分叉的锐齿，齿由2～3个细胞组成；叶细胞大，薄壁，长方形或长六边形。腹叶小，长方形（线条图上），2裂至1/2处，裂瓣再深2裂，小裂片披针形。无性芽胞常聚生于茎、枝的尖端，1～2个细胞，椭圆形。

　　产于福建、广西、贵州、海南、湖南、江苏、辽宁、山东、四川、云南和浙江。生于林下石上。

　　识别要点：腹叶小，具4裂瓣；无性芽胞常聚生于茎、枝的尖端。

齿边广萼苔　裂叶苔科 广萼苔属

Chandonanthus hirtellus

chǐbiānguǎng'ètái

　　植物体粗壮、硬挺，密集大片生长，橙黄色，长约3cm①。茎倾立，单一或稀疏分枝。侧叶密集覆瓦状排列，背折，强烈内凹，不等3裂几达基部（线条图下），背瓣大，腹瓣小，渐尖，叶缘具多数明显齿，齿高3～9个细胞，基部宽3～6个细胞；叶细胞长方形，壁强烈不规则加厚，三角体大，表面粗糙具瘤。腹叶大，深2裂近基部，裂瓣披针形，叶缘具不规则长齿（线条图上）。

　　产于安徽、四川、台湾、西藏和云南。生于林下岩面或树干。

　　识别要点：侧叶不对称3裂至基部，背瓣大，腹瓣小，侧叶与腹叶边缘均具多数明显长齿。

双齿异萼苔 齿萼苔科 异萼苔属

Heteroscyphus coalitus

shuāngchǐyì'ètái

植物体较大，稀疏丛生，淡绿色或黄绿色，长2～5cm①。茎具少数分枝。侧叶蔽后式覆瓦状排列，长方形（线条图上），多少相接，尖端两侧各具1个明显齿，齿4～5个细胞高；叶细胞较大，壁薄，中上部细胞近等径。腹叶小，略宽于茎，基部与侧叶相连，尖端深4裂，中部2裂瓣叉开，较大，边缘两瓣小（线条图下）。

产于安徽、广东、海南、台湾、云南。生于林下岩面或岩面薄土。

识别要点：侧叶尖端具2个远距离齿；腹叶小，尖端深4裂。

南亚异萼苔 齿萼苔科 异萼苔属

Heteroscyphus zollingeri

nányàyì'ètái

植物体中等大，稀疏或密集交织生长，淡绿色或绿色，长2～3cm①。茎匍匐，具少数分枝。侧叶蔽后式覆瓦状排列，长方形（线条图下），向两侧平展，尖端圆钝，具2～4个小齿，有时近于全缘；叶中上部细胞圆多角形，壁薄，基部略长。腹叶小但明显，尖端深2裂，裂口较宽，裂瓣披针形（线条图上）。

产于广东、台湾、云南。生于林下土坡。

识别要点：侧叶尖端圆钝，具少数小短齿或全缘。

筒萼苔　拟大萼苔科 筒萼苔属
Cylindrocolea recurvifolia
tǒng'ètái

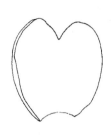

　　植物体小，稀疏交织或密集丛生，绿色或略带黄色①。茎匍匐或倾立，不规则分枝，枝尖端常呈鞭状。侧叶2列，横生，叶2裂达1/3～1/2，2裂瓣不等大，边全缘（线条图）；叶细胞圆六边形，壁厚。腹叶缺。蒴萼长柱形。孢蒴椭圆形，黑褐色，成熟后4瓣裂。

　　产于福建、湖南。生于林下石壁。

　　识别要点：叶2裂达1/3～1/2，2裂瓣不等大，边全缘。

截叶叶苔　叶苔科 叶苔属
Jungermannia truncata
jiéyèyètái

　　植物体柔弱，密集丛生，绿色或黄绿色①。茎不规则分枝，茎端或小枝多倾立①；假根多，无色或浅褐色。叶2列，蔽后式排列，倾斜着生，背基角下延，近方形、卵形或卵舌形，尖端钝圆（线条图）；叶细胞圆角方形或长六边形，壁薄。腹叶缺。雌雄异株。蒴柄长约2mm；孢蒴近球形，成熟后4瓣裂①。

　　产于福建、广西、贵州、海南、湖南、江苏、江西、辽宁、山东、四川、西藏、云南。生于林下、路边石壁或土坡。

　　识别要点：叶2列，斜列着生，背基角下延，近方形或卵形，尖端钝圆。

福氏羽苔 羽苔科 羽苔属

Plagiochila fordiana

fúshìyǔtái

　　植物体中等大，稀疏丛生，淡绿色，长约3cm①。茎叉状分枝。叶长矩形，长约为宽的2倍，近于平展（线条图），背缘与腹缘近于平行，背缘略弧曲，基部不下延，叶尖端2裂至叶长的1/5或1/4，有时不明显，腹缘稍弧曲，基部稍下延，具1~3齿，齿多集中于腹面末梢的一半或叶尖端；叶中部细胞圆形至卵圆形，壁稍厚，三角体大。腹叶常退化，宽仅2~3个细胞，长2个细胞。

　　产于福建、广东、海南、香港、云南。生于林下石壁或树干。

　　识别要点：叶尖端2裂至叶长的1/5或1/4；叶中部细胞圆形至卵圆形，壁稍厚，三角体大。

多枝羽苔 羽苔科 羽苔属

Plagiochila fruticosa

duōzhīyǔtái

　　植物体中等大，疏松生长，绿色，长3~7cm①。茎树状分枝，尖端具鞭状枝①。侧叶离生或贴生，长椭圆形或长方形（线条图），前缘平直，略内卷，全缘，基部强烈下延，后缘平直或稍弧曲，近尖端具稀疏不规则齿，基部轻微下延，叶尖端圆钝，具3~5个长刺齿；叶中部细胞方形或六边形，平滑，壁中等加厚，三角体不明显，尖部细胞与中部细胞相似，基部细胞细长。腹叶缺失。无性繁殖通过鞭状枝进行。

　　产于福建、广西、贵州、香港、江西、台湾、西藏、云南、浙江。生于林下树干和石壁。

　　识别要点：植物体中等大，树状分枝，尖端具鞭状枝。

日本小叶苔
小叶苔科 小叶苔属

Fossombronia japonica

rìběnxiǎoyètái

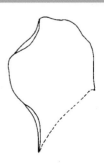

植物体小，密集丛生，绿色或黄绿色，长0.5～1.5cm①。茎匍匐，叉状分枝，假根多，红褐色。叶2列斜生，蔽后式排列，近方形（线条图），一边叶基多少下延；基部多层细胞，中部以上单层细胞，中部细胞圆六边形，薄壁。腹叶缺。蒴柄短，长约2mm；孢蒴圆球形；孢子椭圆形，远极面具网状脊。

产于澳门、台湾。生于农地或花盆土。

识别要点：假根红褐色；叶2列斜生，近方形；叶基部多层细胞，中部以上单层细胞。

刺边合叶苔
合叶苔科 合叶苔属

Scapania ciliata

cìbiānhéyètái

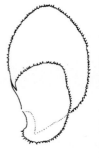

植物体中等大，密集丛生，绿色或黄绿色，高2～4cm①。茎单一或叉状分枝。侧瓣离生或相接排列，不等2裂至叶长的2/3（线条图），呈折合状；背脊约为腹瓣长的1/3；腹瓣大，尖端圆钝，叶缘具密集透明刺状齿，多为1个细胞长；背瓣小；叶细胞圆角方形至圆多边形，具三角体，角质层粗糙具明显密瘤。芽胞生于幼叶尖端，椭圆形，常为2个细胞。

产于安徽、福建、广东、广西、贵州、湖南、四川、台湾、西藏、云南、浙江等省区。生于林下沟边石壁。

识别要点：叶边缘具密集透明的单细胞刺状齿；叶细胞表面粗糙具明显密瘤。

苔类

柯氏合叶苔　合叶苔科 合叶苔属

Scapania koponenii

kēshìhéyètái

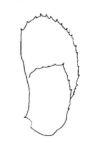

　　植物体中等大，丛生，浅黄绿色，有时略带红色，高1～2cm①。茎直立或尖端上升，常具分枝。侧叶相接或呈覆瓦状排列，2裂至叶长的1/2（线条图），背脊为腹瓣长的1/2，直或略弯曲；腹瓣大，为背瓣的2倍，卵形，边缘具不规则齿，齿长1～3个细胞，基部宽1～2个细胞；背瓣小，卵形或近肾形，上部边缘具齿；叶细胞圆角方形，壁厚。芽胞生于幼叶尖端，椭圆形，多为2个细胞。

　　产于福建、广东、贵州。生于林下岩石或土壁。

　　识别要点：叶边缘齿较长，长1～3个细胞。

腐木合叶苔　合叶苔科 合叶苔属

Scapania massalongoi

fǔmùhéyètái

　　植物体小，密集丛生，浅玫瑰红色，长3～11mm①。茎单一不分枝，倾立或尖端上升。侧叶疏生或相接排列，不等2裂至叶长的1/2（线条图），背脊约为腹瓣长的1/2，平展，裂瓣不等大，腹瓣大于背瓣，基部不沿茎下延，尖端全缘或上部边缘具单细胞齿突（线条图）；叶细胞近方形，角部加厚。

　　产于吉林、四川、云南。生于沟边土坡。

　　识别要点：植物体呈浅玫瑰红色。

林地合叶苔　合叶苔科 合叶苔属

Scapania nemorea

líndìhéyètái

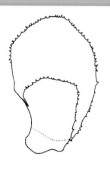

　　植物体中等大到大，密集丛生，淡黄绿色，长2～6cm①。茎单一或具稀疏侧生分枝。侧叶斜生，相接或覆瓦状排列于茎上，不等2裂至叶长的1/3（线条图），背脊较短，为腹瓣长的1/4～1/3，略呈弓形弯曲；腹瓣大，长圆形至长椭圆形，基部强烈下延；背瓣小，斜生，肾形至椭圆形；背瓣、腹瓣边缘均具规则、密集刺状齿，齿多长1～3个细胞；叶细胞圆多边形，三角体明显。

　　产于四川、西藏、云南。生于林下沟边石壁或土坡。

　　识别要点：背瓣、腹瓣边缘具规则、密集的刺状齿，齿长1～3个细胞。

尼泊尔合叶苔　合叶苔科 合叶苔属

Scapania nepalensis

níbó'ěrhéyètái

　　植物体中等大，密集丛生，浅黄绿色，长2～5cm①。茎细弱，单一或分枝。叶疏生，明显下弯，不等2裂几达基部（线条图），背脊很短；腹瓣约为背瓣的3倍长，基部沿茎下延，卵形，边缘具纤毛状单细胞齿，长刺状；背瓣长方形，尖端钝，向外弯曲①，基部沿茎下延；叶细胞小，角部加厚。

　　产于四川、西藏、云南。生于潮湿的岩石或树基。

　　识别要点：叶裂几达基部，背脊很短。

圆叶合叶苔 合叶苔科 合叶苔属

Scapania rotundifolia

yuányèhéyètái

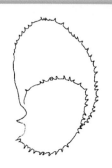

植物体中等大，硬挺，丛生，深绿色，长1～5cm①。茎稀疏分枝。叶相接排列，常一向偏斜，不等2裂至基部，无背脊（线条图）；腹瓣为背瓣的3倍大，近圆形，基部下延，尖端钝或稍尖，中上部边缘具齿，齿小，透明，多1个细胞；背瓣圆形，基部不下延，尖端钝，具少数齿；叶上部细胞圆角方形，三角体大，中部和基部细胞稍大。

产于西藏、云南。生于阴暗石壁。

识别要点：叶裂至基部，无背脊。

皱叶耳叶苔 耳叶苔科 耳叶苔属

Frullania ericoides

zhòuyè'ěryètái

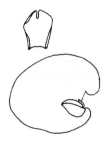

植物体中等大，紧贴基质生长，深绿色或红棕色，长1.5～3cm①。茎稀疏不规则羽状分枝。侧叶紧密覆瓦状排列，潮湿时强烈不规则卷曲，边全缘，背、腹缘轻微耳状对称下延（线条图下）；叶细胞近圆形，厚壁，三角体明显；腹瓣紧贴茎着生，兜形、裂片状披针形。腹叶近圆形（线条图上），不规则背卷或平展，顶端2裂，裂瓣三角形，裂角锐尖。

产于甘肃、广东、广西、湖南、江苏、四川、西藏、台湾、云南。生于林边岩面或树干。

识别要点：侧叶潮湿时强烈不规则卷曲。

达乌里耳叶苔

耳叶苔科 耳叶苔属

Frullania davurica

dáwūlǐ'ěryètái

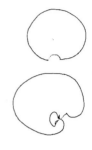

植物体大，密集成片，红棕色，长4~8cm①。茎规则或不规则羽状分枝①。侧叶紧密蔽前式覆瓦状排列；背瓣阔卵形，内凹，顶端圆形（线条图下），常内卷，全缘，背缘基部耳状下延，腹缘轻微或不下延；中部细胞圆形或椭圆形，三角体明显；腹瓣贴茎着生，不对称兜形。腹叶紧靠或稀疏覆瓦状排列，近圆形（线条图上），全缘，顶端偶略凹陷，与茎连接处呈拱形，基部多少波纹状，不或轻微下延。

产于安徽、贵州、河南、湖南、吉林、江西、内蒙古、陕西、四川、台湾、云南。生于林下岩面或树干。

识别要点：腹叶近圆形，全缘，顶端偶略凹陷。

顶脊耳叶苔

耳叶苔科 耳叶苔属

Frullania physantha

dǐngjǐ'ěryètái

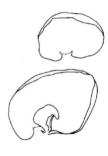

植物体大，密集垫状生长，黄绿色或棕色，长2~3cm①。茎不规则羽状分枝。侧叶紧密覆瓦状排列①；背瓣宽椭圆形，内凹，顶端圆形，常内卷，全缘（线条图下），基部两侧不对称，背侧下延裂片舌形，腹侧不明显下延；细胞圆形或卵形，壁节加厚，三角体明显；腹瓣盔形，具向下弯曲的短喙。腹叶覆瓦状排列，近圆形（线条图上），顶端圆钝，边缘常背卷，基部两侧下延较宽。蒴萼大，近球形，表面平滑，顶端具5个脊。

产于湖南、西藏、云南。生于林下树干。

识别要点：腹叶近圆形，顶端圆钝；蒴萼球形，顶端具5个短脊。

密叶耳叶苔　　耳叶苔科 耳叶苔属

Frullania siamensis

mìyèěryètái

植物体大，疏松生长，红棕色，长3～5cm。茎一至二回羽状分枝①。侧叶紧密覆瓦状排列：背瓣卵形或椭圆形，尖端圆钝（线条图下），边内卷，背缘基部强耳状下延，腹缘基部不下延；细胞长椭圆形，壁波曲状，三角体明显；腹瓣兜形，具向下弯的短喙状尖，贴茎着生。腹叶椭圆形（线条图上），基部有时稍微收窄，具纵褶，基部下延，全缘，尖端明显背卷。

产于广西、四川、云南等省区。生于中高海拔地区的树干。

识别要点：腹叶椭圆形，具纵褶，基部下延，全缘，尖端明显背卷。

云南耳叶苔　　耳叶苔科 耳叶苔属

Frullania yunnanensis

yúnnán'ěryètái

植物体大，密集平铺或悬垂生长，红棕色，长1.5～5cm①。茎规则或不规则一至二回羽状分枝（①左下）。侧叶蔽前式覆瓦状排列：背瓣阔卵形，内凹，顶端圆钝（线条图下），常内卷，背缘基部强耳状下延，并逾越至茎的对边，腹缘基部不下延；细胞长椭圆形，壁孔明显；腹瓣兜形，不对称，紧贴茎着生。腹叶椭圆形（线条图上），长大于宽，尖端明显背卷，全缘，与茎连接处近水平，叶基略为下延。

产于广东、台湾、云南。生于中高海拔林下树干。

识别要点：腹叶椭圆形，长大于宽，尖端明显背卷。

小褶耳叶苔 耳叶苔科 耳叶苔属
Frullania appendistipula
xiǎozhé'ěryètái

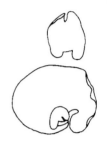

植物体较大，疏松着生，亮绿色至橙红色，长3～6cm①。茎稀疏规则二回羽状分枝，分枝短。侧叶紧密蔽前式覆瓦状排列；背瓣呈长椭圆形，内凹，顶端圆形，常内卷，全缘，基部两侧下延的裂片大，在中部交叉重叠（线条图下）；叶细胞长矩形，壁孔和三角体明显；腹瓣紧贴茎着生，兜形。腹叶稍远离着生，圆形或阔圆形（线条图上），尖端2裂片，裂口小，深约为叶长的1/8，纵褶明显，与茎连接处接近水平，基部强烈耳状下延。

产于云南。生于林下树干或腐木。

识别要点：侧叶背瓣基部两侧下延裂片大而重叠；腹叶尖端具小裂口。

尼泊尔耳叶苔 耳叶苔科 耳叶苔属
Frullania nepalensis
níbó'ěrěryètái

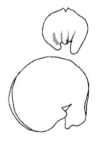

植物体大，密集平铺或悬垂生长，绿色至橙红色，长6～9cm①。茎稀疏规则二回羽状分枝①。侧叶紧密覆瓦状排列；背瓣宽椭圆形，内凹，顶端圆形（线条图下），常内卷，基部两侧不对称，背缘基部耳状下延并逾越至茎的对边，腹缘基部不下延；细胞长矩形，壁孔和三角体明显；腹瓣兜形，不对称，紧贴茎，全部被腹叶覆盖。腹叶圆形或宽圆形（线条图上），尖端两裂片，裂口小，深约为叶长的1/8，纵褶明显，与茎连接处接近水平，基部明显耳状下延。

产于安徽、福建、广东、广西、贵州、湖南、陕西、四川、台湾、西藏、云南。生于林下树干或岩面。

识别要点：侧叶基部不对称，背缘基部耳状下延并逾越至茎的对边，腹缘基部不下延。

暗绿耳叶苔 耳叶苔科 耳叶苔属

Frullania fuscovirens

ànlǜ'ěryètái

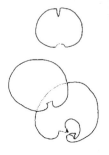

植物体小，平铺生长，深绿色或红棕色，长1.5～2.5cm①。茎不规则羽状分枝，分枝短而斜展。侧叶疏松覆瓦状排列，背瓣阔卵形（线条图下），内凹，顶端圆钝，常内卷，全缘，基部两侧近于对称，腹侧和背侧下延裂片半圆形；细胞卵圆形，壁薄，三角体明显；腹瓣贴茎着生，不对称盔形或圆球形，具向下弯曲的喙状尖。腹叶贴茎着生，倒卵形（线条图上），顶端2裂达叶长的1/6～1/5，裂瓣三角形，急尖，基部两侧稍下延。

产于广东、广西、云南、浙江。生于林下树干。

识别要点：腹叶倒卵形，顶端2裂达叶长的1/6～1/5，裂瓣三角形。

盔瓣耳叶苔 耳叶苔科 耳叶苔属

Frullania muscicola

kuībàn'ěryètái

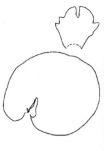

植物体小，紧贴基质垫状着生，浅绿色至深棕色，长1～2cm①。茎不规则一至二回羽状分枝①。侧叶紧密覆瓦状排列；背瓣卵圆形或长椭圆形（线条图下），背缘基部耳状下延，腹缘基部不下延；中部细胞圆形，壁具波纹，三角体大，有时基部细胞壁薄；腹瓣兜形或裂片状。腹叶倒楔形（线条图上），顶端2裂达叶长的近1/3，裂瓣两侧各有1～2个齿，与茎连接处接近水平，基部无下延。

产于安徽、澳门、福建、广东、广西、贵州、海南、黑龙江、湖北、湖南、江苏、江西、吉林、内蒙古、陕西、山东、山西、四川、台湾、香港、西藏、云南、浙江。生于树干或石壁。

识别要点：腹瓣兜形或裂片状；腹叶倒楔形，顶端2裂达叶长的近1/3，裂瓣两侧各有1～2个齿。

短萼耳叶苔　耳叶苔科 耳叶苔属

Frullania motoyana

duǎn'è'ěryètái

植物体中等大，疏松或紧贴基质着生，棕红色，长1~2cm。茎规则一至二回羽状分枝①。侧叶紧密或稀疏覆瓦状排列；背瓣圆形，尖端圆钝，背缘及腹缘基部不下延（线条图下）；细胞圆形或椭圆形，壁波曲状，节状加厚，三角体大；腹瓣圆筒形，离茎倾斜着生。腹叶卵圆形，紧靠或离生，基部不下延，顶端2裂达叶长的1/3~1/2，裂角狭，裂瓣三角形，边缘平滑（线条图上）。

产于福建、海南、广东、广西、台湾。生于林下树干。

识别要点：腹瓣圆筒形，离茎斜倾着生；腹叶卵圆形，顶端2裂达叶长的1/3~1/2。

狭瓣苔　对叶苔科 狭瓣苔属

Gottschea aligera

xiábàntái

植物体粗大，稀疏或密集生长，扁平，绿色或黄绿色①。主茎匍匐，不分枝或稀叉状分枝，多少悬垂①。叶狭长椭圆形，长5~9mm，宽2~2.5mm，尖端多变化，从锐尖到平截或偶具小尖头（线条图）；背瓣椭圆形，斜生于叶背面，基部呈鞘状，边缘有不规则1~2个细胞齿突；叶上部细胞近圆形。腹叶缺。雌雄异株。雌苞叶与茎叶同形。孢蒴狭长椭圆形。

产于海南、台湾、云南。生于林下树干或石壁。

识别要点：植物体粗大，扁平；背瓣椭圆形，基部呈鞘状。

南亚紫叶苔　　紫叶苔科 紫叶苔属

Pleurozia acinosa

nányàzǐyètái

　　植物体中等大，密集生长，绿色、黄绿色或红褐色①。茎多分枝。叶2列，密集蔽后式覆瓦状排列；叶1/2深裂，有背腹瓣之分；背瓣略大于腹瓣，卵形或阔卵形，尖端圆钝或稀有裂口（线条图上）；叶细胞近于等轴六边形，基部细胞稍狭长，三角体明显成节状；腹瓣舌形，全缘，尖端圆钝。腹叶缺。雌苞叶椭圆形，浅3裂，边缘内卷（线条图下）。枝条尖端常有卵形至圆筒形蒴萼，口部平滑，常束状丛生，长5~6mm。

　　产于广东、广西、海南、台湾。生于热带高山矮林树干或树枝。

　　识别要点：背瓣尖端圆钝；枝条尖端常有束状丛生的卵形至圆筒形蒴萼。

拟紫叶苔　　紫叶苔科 紫叶苔属

Pleurozia giganteoides

nǐzǐyètái

　　植物体大，疏松或簇状丛生，黄绿色，有时带紫红色，略具光泽，长达4cm①。茎密集成束状分枝。叶2列，密集蔽前式覆瓦状排列①；叶1/2深裂，强烈内凹（线条图），有背腹瓣之分；背瓣狭卵形，渐尖，尖端具2短齿，边全缘，稍内卷；腹瓣狭卵形或阔披针形，边缘内卷呈筒形；叶细胞六边形，三角体明显成节状。腹叶缺。蒴萼圆筒形。

　　产于海南。生于热带高山矮林树干。

　　识别要点：植物体常带紫红色；背瓣尖端具2短齿。

尖舌扁萼苔

扁萼苔科 扁萼苔属

Radula acuminata

jiānshébiǎn'ètái

　　植物体小，紧密附生于叶面，黄绿色，长约1.5cm①。茎不规则羽状分枝①。侧叶覆瓦状排列；背瓣长卵形，背面基部覆盖茎，尖端渐狭，圆钝，边全缘（线条图）；叶中部细胞近方形，平滑，壁薄，三角体无，边缘细胞长方形，基部细胞与中部细胞相似；腹瓣圆长方形，尖端常延长成钝尖状，近轴边稍弯曲，远轴直或稍弯曲，背脊为背瓣长的近1/3。芽胞盘状，生于背瓣腹面。

　　产于安徽、福建、广西、贵州、湖北、湖南、江西、四川、台湾、西藏、云南和浙江。生于叶面。

　　识别要点：背瓣长卵形，尖端渐狭，圆钝，边全缘；芽胞盘状，生于背瓣腹面。

毛边光萼苔

光萼苔科 光萼苔属

Porella perrottetiana

máobiānguāng'ètái

　　植物体粗壮，悬垂或平铺生长，黄绿色或棕黄色，长5～10cm①。茎不规则稀疏羽状分枝，尖端稍悬垂①。侧叶疏松蔽前式覆瓦状排列①；背瓣长卵形，前缘中部以上具长毛状齿（线条图下），基部完全覆盖茎，全叶具3～9个齿，齿长7～16个细胞；腹瓣长舌形，基部沿茎一侧轻微下延，边缘具多数毛状齿；叶细胞圆形，壁薄，三角体小。腹叶紧贴于茎，舌形，叶缘密生毛状齿，基部下延（线条图上）。

　　产于长江以南各省区。生于树干或岩面。

　　识别要点：植物体粗壮；侧叶长卵形，边缘具多数毛状齿。

苔类

阔瓣疣鳞苔 细鳞苔科 疣鳞苔属

Cololejeunea latilobula

kuòbànyóulíntái

植物体小，紧贴基质生长，绿色，长达2cm。茎不规则分枝①。叶蔽前式覆瓦状排列①；背瓣椭圆形，表面平展，顶端圆形，边全缘（线条图下），顶端和前缘具1~3列透明细胞；细胞六边形，壁薄，三角体小；腹瓣舌状，与茎平行，长为背瓣的1/3，顶端钝，边全缘，不具齿，透明疣圆形，位于腹瓣顶端（线条图上）。腹叶缺。

产于西藏、云南。生于林下树干、岩面或叶面。

识别要点：背瓣顶端和前缘具1~3列透明细胞；腹叶缺。

平叶原鳞苔 细鳞苔科 原鳞苔属

Archilejeunea planiuscala

píngyèyuánlíntái

植物体小，密集丛生，绿色或黄绿色，长2cm。茎不规则分枝①。侧叶密集覆瓦状排列；背瓣卵形或长椭圆形，顶端圆，边全缘（线条图下）；细胞圆六边形，壁薄，三角体小；腹瓣三角形，顶端锐尖。腹叶近圆形，顶端不裂，边全缘（线条图上）。

产于香港、云南、浙江。生于林下树干或腐木。

识别要点：背瓣卵形或长椭圆形，边全缘；腹叶近圆形，边全缘。

原鳞苔

细鳞苔科 原鳞苔属

Archilejeunea polymorpha

yuánlíntái

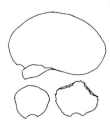

植物体中等大，紧贴基质密集生长，绿色到棕绿色，长达3cm。茎不规则分枝①。侧叶密集覆瓦状排列；背瓣宽卵形，表面平展，边全缘（线条图上），顶端圆钝；细胞六边形，壁薄到轻微加厚，平滑，三角体大；腹瓣卵形，顶端平截，具2个齿。腹叶近圆形，覆瓦状排列，顶端有时反卷，全缘或具细齿（线条图下）。

产于广东、广西、海南、台湾、香港、西藏、云南。生于林下树干。

识别要点：背瓣边常全缘；腹叶全缘或具细齿。

异叶细鳞苔

细鳞苔科 细鳞苔属

Lejeunea anisophylla

yìyèxìlíntái

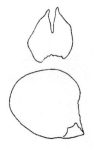

植物体细小，紧贴基质生长，嫩绿色，长约6mm。茎不规则分枝①。侧叶覆瓦状排列；背瓣长卵形，边全缘，顶端圆形（线条图下）；细胞六边形，壁薄，平滑，三角体大；腹瓣小，近卵形，长为背瓣的约1/3，近轴边缘略内卷，透明疣位于中齿基部的近轴侧。腹叶近圆形，离生，宽约为茎直径的2～3倍，顶端2裂达1/2～2/3（线条图上）。

产于我国热带、亚热带地区。常生于林下叶面。

识别要点：植物体嫩绿色；腹叶近圆形，顶端2裂达腹叶长的1/2～2/3。

黄色细鳞苔
细鳞苔科 细鳞苔属

Lejeunea flava

huángsèxìlíntái

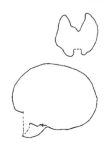

　　植物体中等大，紧贴基质生长，黄绿色，长达4cm。茎不规则分枝①。侧叶蔽前式覆瓦状排列；背瓣卵形，边全缘，顶端圆形（线条图下）；细胞六边形，壁薄，三角体小；腹瓣椭圆形，长约为背瓣长度的1/4，顶端截形。腹叶近圆形或卵形，疏松覆瓦状排列，长略大于宽，顶端2裂深达1/3，裂瓣边全缘，有时具不规则钝齿（线条图上）。

　　产于我国热带及亚热带地区。生于树干、岩石或叶面。

　　识别要点：腹叶近圆形或卵形，长略大于宽，顶端2裂深达1/3，裂瓣边全缘。

南亚瓦鳞苔
细鳞苔科 瓦鳞苔属

Trocholejeunea sandvicensis

nányàwǎlíntái

　　植物体小到中等大，密集紧贴基质丛生，黄绿色，长达3cm。茎不规则二叉状分枝①。侧叶紧密覆瓦状排列；背瓣卵形，干时平贴，湿时多少呈鱼鳃状，顶端圆，边全缘，有时略具圆齿（线条图）；细胞圆六边形，壁薄，三角体小；腹瓣宽圆形，顶端及边缘具3～4个小齿。腹叶圆形或近肾形。蒴萼顶生，倒卵形，具10个脊。

　　产于全国各地。生于林下树干或石壁。

　　识别要点：背瓣卵形，干时平贴，湿时多少呈鱼鳃状；蒴萼倒卵形，具10个脊。

粗叶泥炭藓　泥炭藓科 泥炭藓属

Sphagnum squarrosum

cūyènítànxiǎn

　　植物体较粗壮，密集交织生长，亮绿色①。茎皮部2～4层细胞，表皮细胞薄壁。茎叶舌形，尖端圆钝，具细齿（线条图上），叶缘具白色分化狭边；上部无色细胞阔菱形，无纹孔，下部无色细胞狭长菱形，具大形水孔。枝丛4～5枝，其中2～3强枝。枝叶阔卵状披针形，内凹呈瓢状，尖端渐狭，强烈背仰，边缘内卷，顶端钝头，具齿（线条图下）；绿色细胞在枝叶横切面呈梯形，偏于叶背面，但背腹面均裸露。

　　产于黑龙江、吉林、辽宁、内蒙古、四川、云南。生于北方或高山之湿地和沼泽。

　　识别要点：茎具轮生的枝丛，有强枝和弱枝之分；枝叶强烈背仰。

尖叶泥炭藓　泥炭藓科 泥炭藓属

Sphagnum capillifolium

jiānyènítànxiǎn

　　植物体中等大，密集丛生，黄褐色到紫红色①②。茎叶在同株上通常下大上小，长卵状等腰三角形（线条图右），渐狭，上部边缘内卷，几呈兜形，全缘，分化边缘上窄，下部明显渐宽；上部无色细胞阔菱形，下部细胞长菱形。枝丛3～5枝，其中强枝2～3枝。枝叶狭卵状披针形（线条图左），上部叶边内卷，尖端平钝具齿；无色细胞密被螺纹，绿色细胞在叶横切面观呈三角形，偏于叶腹面。

　　产于黑龙江、吉林、内蒙古、西藏和云南。生于沼泽地、潮湿腐殖质。

　　识别要点：茎具轮生的枝丛，有强枝和弱枝之分；茎叶尖端几呈兜形，边全缘；枝叶狭卵状披针形。

暖地泥炭藓　　泥炭藓科　泥炭藓属

Sphagnum junghuhnianum

nuǎndì ní tànxiǎn

　　植物体粗大，密集交织生长，灰白色至浅绿色，长可达10cm①。茎细长，表皮无色细胞大，壁薄，具大型水孔。茎叶大，长等腰三角形（线条图右），上部渐狭，边内卷，尖端狭而钝，具齿，上部边缘内卷。枝丛4~5枝，其中强枝2~3枝，倾立，多少呈尾尖状。枝叶大，下部贴生，尖端背仰，长卵状披针形（线条图左），渐尖，顶端钝，具细齿，具狭分化边；绿色细胞在叶横切面呈三角形，位于叶腹面，背面全为无色细胞所包围。

　　产于我国南部温暖、湿热地区。生于沼泽地或林地。

　　识别要点：茎具轮生的枝丛，有强枝和弱枝之分；绿色细胞在叶横切面呈三角形，位于叶腹面，背面全为无色细胞所包被。

泥炭藓　　泥炭藓科　泥炭藓属

Sphagnum palustre

ní tànxiǎn

　　植物体大，黄绿色或浅绿色，有时略带棕色或淡红色①。茎表皮细胞具螺纹。茎叶阔舌形（线条图右），上部边缘细胞有时全部无色，形成阔分化边，无色细胞往往具分隔，稀具螺纹和水孔。枝丛3~5枝，其中2~3强枝，多向倾立，较短。枝叶卵状三角形（线条图左），内凹，尖端边缘内卷；无色细胞具中央大形圆孔；绿色细胞在枝叶横切面呈狭等腰三角形或狭梯形，偏于叶腹面。

　　产于安徽、福建、广东、贵州、黑龙江、湖南、吉林、台湾和云南。生于沼泽地及高寒区草甸，也见于沟边石壁上。

　　识别要点：茎具轮生的枝丛，有强枝和弱枝之分；绿色细胞在枝叶横切面呈狭等腰三角形，偏于叶腹面。

白氏藓　　曲尾藓科 白氏藓属

Brothera leana

báishìxiǎn

　　植物体小，密集丛生，亮绿色，高不及1cm。茎直立，不分枝或分枝①。叶直立，长披针形（线条图左），基部内卷管状，向上呈长尖，边全缘；中肋扁阔，占基部的1/3～1/2，达尖端突出，横切面3层细胞，中间1层为绿色细胞，另外2层为白色细胞；叶细胞长方形，薄壁透明，叶缘细胞相对较狭长。不育株尖端有密生芽叶丛（线条图右）。

　　产于福建、贵州、河北、黑龙江、湖北、辽宁、内蒙古、陕西、四川、西藏、云南、浙江。生于林下树干或岩面。

　　识别要点：叶肥厚；不育株尖端有密生的芽叶丛。

拟白发藓　　白发藓科 拟白发藓属

Paraleucobryum enerve

nǐbáifàxiǎn

　　植物体中等大，密集丛生，黄绿色，具光泽，高达6cm。茎直立，具分枝①。叶阔披针形（线条图），直立，顶端略偏曲，中部以上边缘内卷成管状，全缘，尖部有不明显齿突；中肋特宽，占叶基的2/3以上，叶中上部全为中肋占满，横切面中央有1列绿色细胞；角细胞明显分化。蒴柄长达2cm，棕黄色，成熟时红棕色。

　　产于吉林、陕西、四川、台湾、西藏、云南和浙江。生于北方或高寒山区林下腐殖质或石壁。

　　识别要点：叶阔披针形，直立，顶端略偏曲，中部以上边缘内卷成管状，全缘。

藓类

狭叶白发藓　　白发藓科　白发藓属

Leucobryum bowringii

xiáyèbáifàxiǎn

　　植物体中等大，密集丛生，灰绿色，具光泽，高达2cm。茎单一或分枝①。叶干时扭曲，易脱落，长卵形或长椭圆形，上部狭披针形（线条图），尖端多呈管状，背面平滑；中肋薄，横切面中间1层四边形绿色细胞，两侧各1层无色细胞；叶细胞线形或长方形，壁加厚，壁孔明显。蒴柄纤细，红色，长达2cm；孢蒴倾斜或平展；蒴帽兜形。

　　产于安徽、澳门、福建、广东、广西、贵州、海南、湖北、湖南、江西、四川、台湾、香港、西藏、云南和浙江。生于林地石壁或树基。

　　识别要点：叶肥厚；叶干时扭曲。

桧叶白发藓　　白发藓科　白发藓属

Leucobryum juniperoideum

guìyèbáifàxiǎn

　　植物体中等大，密集垫状丛生，灰绿色，高1～3cm。茎直立，单一或分枝①。叶卵状披针形（线条图），干时叶略皱缩，湿时多伸展，基部卵形，稍短于上部，上部狭披针形或近管状，急尖至短钝尖，背面尖端平滑；中肋中间1层为绿色细胞，腹面无色细胞1～2层，背面无色细胞2～4层；边缘上部具2～3行线形细胞，基部具5～10行方形或长方形细胞。

　　产于重庆、福建、广东、海南、湖北、湖南、江苏、江西、澳门、四川、台湾、香港、云南和浙江。生于林下石壁或土坡。

　　识别要点：叶粗短；叶尖端背部平滑。

粗叶白发藓 白发藓科 白发藓属

Leucobryum boninense

cūyèbáifàxiǎn

植物体中等大，紧密垫状丛生，浅绿色，干时不旋扭，高达4cm。茎直立，单一或分枝①，无中轴。叶直立或略弯曲，基部长卵形，上部狭至阔披针形（线条图），尖端近管状，锐尖或短钝尖，尖端背部具疣；中肋中间为1层绿色细胞，背腹两边各具2～3层无色细胞；上部边缘具1～2行线形细胞，近基部具4～8行狭长方形或线形细胞。

产于澳门、福建、广东、广西、贵州、海南、湖南、四川和台湾。生于林下石壁或树干。

识别要点：叶肥厚，尖端背部具疣。

爪哇白发藓 白发藓科 白发藓属

Leucobryum javense

zhǎowābáifàxiǎn

植物体大，松散丛生，粗壮，灰白色，高达8cm。茎直立，单一或分枝①。叶密集，常镰刀状弯曲，基部阔卵形，上部阔披针形，尖端深沟状，具锐尖或短钝尖（线条图），背部具规则排列的粗疣；中肋横切面中间1层为绿色细胞，两侧各具1～3层无色细胞；叶上部边缘具2～3行线形细胞，基部细胞4～6行。蒴柄近直立，长达3cm；孢蒴倒卵圆形，倾立或水平①；蒴帽兜形。

产于安徽、福建、广东、海南、湖南、江西、台湾、云南、浙江。生于林下土坡、岩面或树干。

识别要点：植物体粗壮；叶肥厚，背部具规则排列的粗疣。

刺肋白睫藓

白发藓科 白睫藓属

Leucophanes glaucum

cìlèibáijiéxiǎn

植物体小，密集或稀疏丛生，浅绿色。茎矮小，单一，少分枝①。叶干时扭曲，湿时倾立，线状披针形（线条图），龙骨状突起或内凹，上部扁平，尖端钝尖，边有小锯齿，上部锯齿常成对，边缘由4～6行狭长、透明而加厚的细胞构成明显分化边；中肋背部具刺或疣，横切面绿色细胞层两侧各具1层无色细胞，中央加厚细胞束近于背侧。

产于广东、海南、台湾和云南。生于林下腐木或岩石。

识别要点：叶线状披针形，具明显的分化边；中肋背部具刺或疣。

八齿藓

白发藓科 八齿藓属

Octoblepharum albidum

bāchǐxiǎn

植物体中等大，密集或稀疏丛生，绿色或灰白色，稍带光泽，高达1cm。茎少分枝①。叶直立展开或背仰，基部长卵形，上部长舌形，尖端圆钝，具短尖头（线条图）；中肋及顶，横切面背凸，绿色细胞单层，无色细胞多层；叶边近全缘，尖端具微齿。雌雄同株。蒴柄高约4mm；孢蒴长卵形；蒴齿8枚，具中缝线；蒴帽兜状。

产于广东、广西、海南、台湾、香港和云南。生于树干或石上。

识别要点：叶肥厚，基部长卵形，上部长舌形，尖端圆钝；孢蒴长卵形；蒴齿8枚。

薄壁仙鹤藓　　金发藓科 仙鹤藓属

Atrichum subserratrum

bóbìxiānhèxiǎn

植物体中等大，丛生，黄绿色，高达3cm。茎单一①。叶干时强烈卷曲，湿时倾立，长舌形（线条图），具披针形尖，背面具斜列棘刺，叶边具1~2列狭长细胞构成的分化边，具双齿；中肋长达叶尖下消失（线条图）；栉片4~5列，高3~6个细胞；叶中部细胞椭圆形，下部细胞方形或长方形，壁薄。

产于福建、云南。生于林地或潮湿的路边。

识别要点：叶长舌形，背面具斜列棘刺；叶腹面具栉片4~5列。

仙鹤藓多蒴变种　　金发藓科 仙鹤藓属

Atrichum undulatum var. *gracilisetum*

xiānhèxiǎnduōshuòbiànzhǒng

植物体中等大，绿色至暗绿色，高达2cm。茎单一或少分枝①。叶干时强烈卷曲，湿时常具斜向波纹，长舌形（线条图），中部以上稍宽或不明显，具狭披针形尖①，叶边具1~3列细胞构成的分化边，具双齿；中肋长达叶尖；栉片4~5列，高3~6个细胞；叶中部细胞多为椭圆形，下部细胞长方形，壁厚。

产于重庆、黑龙江、湖北、江西、吉林、辽宁、陕西、山东、四川、台湾和云南。生于潮湿的路边、林下或岩面。

识别要点：叶干时强烈卷曲，湿时常具斜向波纹。

树发藓

金发藓科 树发藓属

Microdendron sinense

shùfàxiǎn

植物体粗壮，丛集成片或散生，多暗绿色①。茎直立，上部具多数近于等长的分枝，簇生呈伞状，下部裸露无叶。叶干时强烈卷缩，湿时伸展，三角状披针形至卵状披针形（线条图），有时略内凹，中上部边缘具单细胞的粗齿，近叶基部呈齿突；中肋粗壮，长达叶尖；栉片20～40列，高2～5个细胞。蒴柄纤长；孢蒴长圆柱形①；蒴帽兜形，具多数金黄色纤毛。

产于四川、云南、西藏。生于高山阴湿的林地。

识别要点：茎上部具多数近于等长的分枝，簇生呈伞状或树形。

全缘小金发藓

金发藓科 小金发藓属

Pogonatum perichaetiale

quányuánxiǎojīnfàxiǎn

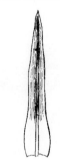

植物体小，丛集成片生长，黄绿色或橙黄色①。茎单一，不分枝。叶由卵形鞘状基部向上突成披针形，具锐尖，边全缘（线条图）；中肋粗壮，突出于叶尖；栉片多数，覆盖叶腹面大部，高4～7个细胞，顶端细胞横切面近方形，平滑且壁强烈加厚。蒴柄纤长；孢蒴卵状圆柱形①；蒴帽兜形，具金黄色纤毛①。

产于四川、西藏、云南。生于高海拔林地或山脊。

识别要点：植物体小；叶边全缘。

硬叶小金发藓

金发藓科 小金发藓属

Pogonatum neesii

yìngyèxiǎojīnfàxiǎn

植物体较小，密集或稀疏丛生，绿色或深绿色，高达2cm。茎直立，不分枝①。叶干时卷曲，湿时倾立，由基部不明显的鞘部向上呈披针形（线条图），边平展，具锐齿，每个齿由1～3个细胞组成；栉片不占满叶中上部，约45列，高3～7个细胞，顶端细胞略分化。蒴柄纤长；孢蒴短圆柱形②；蒴帽兜形，具多数金黄色纤毛②。

产于重庆、贵州、海南、台湾和云南。生于林地或路边土坡。

识别要点：植物体小；栉片高3～7个细胞，顶端细胞略分化。

半栉小金发藓

金发藓科 小金发藓属

Pogonatum subfuscatum

bànzhìxiǎojīnfàxiǎn

植物体中等大，密集或稀疏生长，亮绿色，高达4cm。茎直立，不分枝①。叶干时卷缩，湿时倾立，基部卵圆形，上部阔披针形（线条图），具不规则细齿或粗齿，尖部呈兜形；中肋粗壮，长达叶尖消失；栉片密被叶上部腹面的中部，不见于近边缘5～7列细胞，高3～4个细胞，顶端细胞不分化，卵形或长卵形。蒴柄纤细，长达2cm①；孢蒴圆柱形①；蒴帽兜形，密被鲜红色纤毛①。

产于贵州、四川、西藏和云南。生于高海拔林地。

识别要点：栉片密被叶上部腹面的中部；蒴帽鲜红色。

刺边小金发藓

金发藓科 小金发藓属

Pogonatum cirratum

cìbiānxiǎojīnfàxiǎn

植物体大，疏松或密集丛集生长，硬挺，绿色，老时呈棕色，高达5cm。茎几不分枝①。叶干时卷曲，湿时倾立，由阔卵形鞘状基部向上收缩呈狭披针形（线条图），渐尖而具毛尖，叶边平展，上半部由多个细胞组成的粗齿，下半部全缘；中肋宽阔，背面具疏齿；栉片常达50列，高仅1~2个细胞，顶端细胞不分化，圆钝。

产于重庆、广东、贵州、海南、四川、台湾、香港、云南。生于山地或岩面。

识别要点：植物体大；栉片常达50列，高仅1~2个细胞，顶细胞不分化。

扭叶小金发藓

金发藓科 小金发藓属

Pogonatum contortum

niǔyèxiǎojīnfàxiǎn

植物体大，成片丛集生长，暗绿色或紫红色，老时呈褐绿色，长2~4cm。茎一般不分枝①。叶干时强烈卷曲，湿时舒展，基部卵圆形，向上呈阔带状披针形（线条图），鞘部上方无明显界限，仅略收缩，上部边缘稀具粗齿，由多数细胞组成；中肋宽阔，及顶；栉片约40列，高2~4个细胞，顶端细胞略分化。

产于广东、广西、海南、四川和台湾。生于林下沟边岩面薄土。

识别要点：植物体大；栉片约40列，高2~4个细胞，顶细胞略分化。

大拟金发藓　台湾拟金发藓　金发藓科 拟金发藓属

Polytrichastrum formosum

dànǐ jīnfàxiǎn

植物体大，密集丛生，绿色至黄绿色，高达10cm。茎直立，多单一①。叶干时平直贴茎②，湿时伸展③，狭披针形，具宽鞘部，边具尖齿（线条图）；中肋宽阔，突出呈芒状尖；叶腹面栉片35～65列，高4～6个细胞，顶端细胞横切面椭圆形，略微膨大，薄壁；叶中部细胞卵圆形，鞘部细胞狭长方形。

产于重庆、广东、贵州、湖北、江西、四川、台湾、西藏和云南。生于林地或草坡。

识别要点：植物体大；叶狭披针形，干时平直贴茎，湿时伸展。

细叶拟金发藓　金发藓科 金发藓属

Polytrichastrum longisetum

xìyènǐ jīnfàxiǎn

植物体中等大，稀疏或密集丛生，绿色，高2～4cm。茎直立，常单一①。叶稀疏着生，干时平展或略卷曲，湿时伸展，上部狭披针形，鞘部不明显，边具齿（线条图）；中肋突出叶尖呈芒状，具齿；栉片30～45列，高4～7个细胞，顶细胞与下部细胞相似，略膨大，壁薄；叶中部细胞圆角方形，薄壁。

产于黑龙江、吉林、内蒙古、四川和云南。生于北方沼泽地或水边土坡。

识别要点：叶稀疏着生；栉片30～45列，高4～7个细胞，顶细胞与下部细胞相似。

藓类

金发藓　金发藓科 金发藓属

Polytrichum commune

jīnfàxiǎn

植物体大，稀疏或密集丛生，暗绿色，高达10cm。茎直立，几不分枝①。叶干时平直，抱茎，湿时伸展，披针形，基部鞘状，边具锐齿（线条图）；中肋宽阔，突出于叶尖；栉片30～50列，高5～9个细胞，顶端细胞横切面明显内凹，略宽于下部细胞。蒴柄长4～8cm；孢蒴四棱柱形，具明显台部；蒴帽兜形，密被金黄色纤毛。

产于安徽、重庆、贵州、湖北、吉林、内蒙古、四川和台湾。生于路边、林地或沼泽地。

识别要点：叶干时平直，抱茎；栉片顶端细胞横切面明显内凹，略宽于下部细胞。

桧叶金发藓　金发藓科 金发藓属

Polytrichum juniperinum

guìyèjīnfàxiǎn

植物体中等大至大，稀疏或密集丛生，暗绿色至红棕色，高达8cm。茎单一或具分枝①。叶干时平直，湿时伸展，长卵状披针形，基部鞘状，边全缘，上部边缘常强烈内卷（线条图）；中肋宽，突出叶尖呈红色芒尖，芒尖上具多数刺；栉片20～38列，高6～7个细胞，顶端细胞横切面梨形。蒴柄长近4cm①；孢蒴四棱柱形②，具台部；蒴帽兜形，密被金黄色纤毛③。

产于吉林、四川、新疆、西藏和云南。生于温带或高山的林地。

识别要点：叶上部边缘常强烈内卷；栉片顶端细胞横切面呈梨形。

毛尖金发藓   金发藓科 金发藓属

Polytrichum piliferum

máojiānjīnfàxiǎn

　　植物体小，密集丛生，黄绿色或红棕色，高达1cm。茎多单一，少分枝①。叶干时多贴茎，湿时倾立，基部鞘状，上部披针形（线条图），边具细齿或全缘，两侧强烈内卷；中肋宽阔，突过叶尖呈长芒状，芒尖常为白色，上部具刺状突起①；栉片25～35列，高6～8个细胞，顶端细胞横切面呈梨形。

　　产于吉林、新疆和西藏。生于温带或高山岩面薄土。

　　识别要点：植物体小；叶具白色芒状尖；顶端细胞横切面呈梨形。

拟小凤尾藓   凤尾藓科 凤尾藓属

Fissidens tosaensis

nǐxiǎofèngwěixiǎn

　　植物体小到中等大，扁平，绿色，连叶高2～5mm。茎常单一①，腋生透明结节不明显或缺。叶4～10对，卵圆状披针形，急尖至宽急尖（线条图），背翅基部圆形至楔形，鞘部为叶长的1/2～3/5，对称或稍不对称；叶边仅尖端具齿，分化边缘强，在前翅宽1～2列细胞，在鞘部宽2～5列细胞；中肋粗壮，及顶至短突出①；前翅和背翅细胞方形至六边形，壁稍厚，平滑。

　　产于福建、甘肃、广东、海南、江苏、陕西、四川、云南和浙江。生于潮湿的土面或石壁。

　　识别要点：植物体扁平，叶2列；叶具强的分化边。

藓类

多形凤尾藓

凤尾藓科 凤尾藓属

Fissidens diversifolius

duōxíngfèngwěixiǎn

　　植物体细小，扁平，密集丛生，黄绿色①，连叶高约3mm。茎单一，腋生透明结节不分化。叶5～9对，下部叶小，鳞片状，上部叶长卵圆形（线条图），尖端急尖至钝急尖，背翅基部阔楔形至圆形，鞘部约占叶长的2/3～4/5，不对称，边具2～4层线形细胞组成的分化边，全缘；中肋粗壮，近叶尖消失；叶细胞方形至不规则六边形，平滑，壁稍厚。蒴柄长达3mm①；孢蒴近椭球形，直立或略倾斜，对称①。

　　产于贵州、四川和云南。生于潮湿的土壁。

　　识别要点：植物体扁平，叶2列；叶鞘部几乎占叶长的2/3～4/5，不对称。

锡兰凤尾藓

凤尾藓科 凤尾藓属

Fissidens ceylonensis

xīlánfèngwěixiǎn

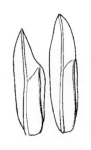

　　植物体细小，扁平，密集或稀疏丛生，黄绿色①，连叶高约3mm。茎单一或分枝，腋生透明结节略有分化。叶椭圆状披针形（线条图），7～20对，急尖至阔急尖，叶背翅基部楔形，鞘部为叶全长的3/5～2/3，叶边全缘，分化边缘常仅见于茎上部叶和雌苞叶鞘部的下半段；中肋及顶或突出；前翅及背翅细胞方形至圆六边形，具多个疣疣，鞘部细胞与前翅和背翅细胞相似，但略大。蒴柄长达2.5mm；孢蒴圆柱形。

　　产于广东、广西、海南、台湾和云南。生于路边土坡。

　　识别要点：植物体扁平，叶2列；植株上部叶和雌苞叶鞘部的下半段具分化边缘。

藓类

黄叶凤尾藓
Fissidens crispulus
huángyèfèngwěixiǎn

凤尾藓科 凤尾藓属

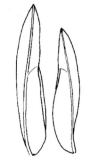

植物体细小，扁平，密集大片着生，黄绿色①，连叶高达1.5cm。茎单一或分枝，腋生透明结节极为明显。叶披针形至狭披针形（线条图），6~14对，尖端阔急尖，背翅基部圆至楔形，鞘部为叶长的1/2，叶边具细锯齿至细圆齿；中肋及顶或终止于叶尖前；前翅和背翅细胞角方形至圆六边形，具乳突，不透明，鞘部细胞与前翅细胞相似。蒴柄长达4mm①；孢蒴短圆柱形①。

产于福建、广东、海南、湖南、四川、台湾、香港、云南、浙江。生于林下土坡或石壁。

识别要点：植物体扁平，叶2列；茎腋生透明结节极为明显。

粗肋凤尾藓
Fissidens pellucidus
cūlèifèngwěixiǎn

凤尾藓科 凤尾藓属

植物体细小，扁平，密集或稀疏丛生，黄绿色至红褐色①，连叶高2~6mm。茎单一，腋生透明结节不分化。叶5~12对，紧密排列，急尖至狭急尖（线条图），中上部叶远大于基部叶，背翅基部多圆形，鞘部为叶长的1/2，不对称，叶边具细齿；中肋显粗壮，及顶至短突出；前翅及背翅细胞方形至不规则的六边形，壁厚，透明，平滑，鞘部细胞与前翅细胞相似。

产于福建、广东、海南、台湾、云南和浙江。生于林下或路边土坡。

识别要点：植物体扁平，叶2列；叶细胞较大，透明。

薜类

爪哇凤尾藓

凤尾藓科 凤尾藓属

Fissidens javanicus

zhuǎwāfèngwěixiǎn

植物体小，扁平，绿色至黄褐色①，连叶高2～8mm。茎单一，腋生透明结节极明显。叶紧密排列，10～20对，中上部的叶披针形至线状披针形（线条图），渐尖，上半部常具不规则的横皱纹①，背翅基部通常圆形，鞘部为叶长的约2/5，近对称，叶边缘分化；中肋粗壮，稍突出；前翅和背翅细胞圆角方形，壁厚，其乳头状突起，鞘部细胞与前翅细胞相似，但较大而壁较厚。

产于澳门、广东、贵州、海南、广西、台湾、云南、香港、西藏。生于林下溪边石上。

识别要点：植物体扁平，叶2列；叶上半部常具不规则横皱纹。

暗色凤尾藓

凤尾藓科 凤尾藓属

Fissidens linearis var. *obscurirete*

ànsèfèngwěixiǎn

植物体细小，扁平，密集丛生，绿色至黄绿色①，连叶高达5mm。茎通常单一，腋生透明结节不明显。叶紧密或疏松排列，4～10对，中部以上叶狭披针形（线条图），渐尖，背翅基部楔形，鞘部为叶长的一半，近对称，叶边具齿，分化边缘通常仅见于上部叶和雌苞叶鞘部的下半段；中肋及顶至短突出；叶细胞方形至六边形，具多个细疣。蒴柄长3～4mm；孢蒴直立，圆柱形①。

产于广东、海南、辽宁、台湾和云南。生于潮湿的土坡或树基。

识别要点：植物体扁平，叶2列；叶狭披针形；叶分化边缘通常仅见于上部叶和雌苞叶鞘部的下半段。

卷叶凤尾藓　凤尾藓科　凤尾藓属
Fissidens dubius
juǎnyèfèngwěixiǎn

植物体大，扁平，丛生，绿色至黄绿色①，连叶高达5cm。茎单一，腋生透明结节不分化。叶干时明显卷曲，湿时伸展，多少具浅波纹①，10~50对，排列较紧密，中部以上中远比下部叶大，卵状披针形（线条图），尖端急尖至狭急尖，背翅基部圆形，鞘部为叶全长的3/5~2/3，叶缘由3~5列壁厚而平滑细胞构成的浅色分化边缘，叶边具齿；中肋粗壮，近及顶；前翅和背翅细胞圆六边形，具明显的乳突。

产于安徽、福建、甘肃、广东、广西、贵州、黑龙江、湖北、湖南、江苏、江西、吉林、辽宁、陕西、山东、四川、台湾、西藏、云南和浙江。生于林下湿石或土坡。

识别要点：植物体大，扁平，叶2列；叶缘具浅色分化边缘。

大凤尾藓　凤尾藓科　凤尾藓属
Fissidens nobilis
dàfèngwěixiǎn

植物体大，扁平，密集或稀疏丛生，绿色至黄绿色①，连叶高2~6cm。茎单一，腋生透明结节不分化。叶10~30对，中部叶比基部叶大，披针形至狭披针形，急尖（线条图），背翅基部楔形，下延，鞘部约为叶长的一半，叶边上半部具不规则粗齿，下半部全缘，叶边由2~3层壁厚而平滑的细胞构成1条2~5列细胞宽度的深色边缘；中肋粗壮，及顶；前翅和背翅细胞方形至六边形，壁稍厚，平滑，有时具乳突。

产于福建、广东、广西、贵州、海南、湖北、湖南、江苏、江西、四川、台湾、香港、云南和浙江。生于林下沟边土壁。

识别要点：植物体大，扁平，叶2列；叶边上半部具不规则粗齿，且具厚的深色边缘。

曲肋凤尾藓   凤尾藓科 凤尾藓属

Fissidens oblongifolius

qūlèifèngwěixiǎn

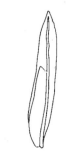

植物体中等大，扁平，密集丛生，黄绿色至暗绿色①，连叶高3～7mm。茎单一或分枝，腋生透明结节不分化。叶6～12对，基部叶小而稀疏，上部叶大而紧密，狭披针形（线条图），急尖，背翅基部楔形，鞘部为叶全长的1/2，不对称，叶边有齿；中肋粗壮，尖端曲折，终止于叶尖下数个细胞；前翅和背翅细胞近圆形或圆六边形，壁略厚，具明显的乳突。蒴柄长4～6mm①；孢蒴卵圆形①。

产于福建、广东、海南、湖南、四川、西藏和云南。生于林下潮湿土面或石壁。

识别要点：植物体扁平，叶2列；中肋尖端曲折，终止于叶尖下数个细胞。

网孔凤尾藓   凤尾藓科 凤尾藓属

Fissidens polypodioides

wǎngkǒngfèngwěixiǎn

植物体中等大，扁平，稀疏丛生，绿色至黄绿色①，连叶高2～7cm。茎单一或分枝，腋生透明结节不分化。叶20～60对，长卵状披针形（线条图），尖端常具短尖，背翅基部圆形，鞘部为叶全长的1/2，对称或稍不对称，叶边在近叶尖处具粗锯齿，其余部分稍具锯齿；中肋粗壮，常止于叶尖下数个细胞；前翅和背翅细胞方形至六边形，平滑至稍具乳突，壁稍厚。

产于福建、广东、广西、贵州、海南、湖南、江西、四川、台湾、西藏和云南。生于林下土坡或石壁。

识别要点：植物体扁平，叶2列；近叶尖边缘具粗锯齿；中肋粗壮，不及叶尖消失。

大叶凤尾藓　凤尾藓科 凤尾藓属

Fissidens grandifrons

dàyèfèngwěixiǎn

　　植物体大，扁平，深绿色至褐色①，连叶高达8cm。茎单一或分枝，腋生透明结节略分化。叶紧密排列，披针形（线条图），20～70对，背翅基部楔形，下延，鞘部为叶长的一半，对称，叶边稍具锯齿；中肋粗壮，终止于叶尖下数个细胞；背翅和前翅细胞2～3层，方形至圆六边形，近叶边缘的细胞小而壁薄，靠近中肋的细胞较大而壁厚。

　　产于广西、贵州、湖北、青海、四川、台湾、西藏和云南。生于水边或水下的岩石，通常为石灰岩基质。

　　识别要点：植物体扁平，深绿色至褐色，叶2列；叶背翅和前翅细胞2～3层。

中华无轴藓　多态无轴藓　无轴藓科 无轴藓属

Archidium ohioense

zhōnghuáwúzhóuxiǎn

　　植物体柔弱，密集或稀疏丛生，绿色至黄绿色①，高5～9mm。茎直立或倾立，单一或分枝。植株上部叶大，下部叶小，卵状披针形或狭披针形（线条图），平展，尖端呈钻形尖；中肋单一，长达叶尖或短突出；叶边无明显分化，全缘；叶基部细胞方形或长方形，上部细胞狭长方形，薄壁。蒴柄极短；孢蒴圆球形。

　　产于澳门、河南、山东。生于路边沙土。

　　识别要点：蒴柄极短；孢蒴球形。

蘚类

长蒴藓　　曲尾藓科　长蒴藓属

Trematodon longicollis

chángshuòxiǎn

　　植物体小，松散或密集丛生，绿色或黄绿色①，高2～5mm。茎单一或稀疏分枝。叶基部抱茎，长卵形，向上渐窄成线形（线条图），叶缘上部部分外卷；中肋单一，强劲，及顶；叶中上部细胞近方形或长方形，基部细胞方形。蒴柄长1～3cm；孢蒴长圆筒形，上部略弯曲，台部细长，为壶部的2～3倍，基部具骸突；蒴帽兜形①。

　　产于安徽、福建、广东、广西、贵州、海南、湖北、湖南、江苏、江西、辽宁、山东、四川、台湾、西藏、云南和浙江。生于农地或花圃。

　　识别要点：孢蒴具细长的台部，为壶部长的2～3倍。

黄匍网藓　　花叶藓科　匍网藓属

Mitthyridium flavum

huángpúwǎngxiǎn

　　植物体中等大，密集丛生，绿色，长达2cm。主茎匍匐，较纤细，具多数直立的短分枝①，长约5mm。叶干时扭卷，湿时伸展，基部抱茎，向上延伸成卵状阔披针形（线条图），具短尖，叶边多少波纹状，中部以上边缘具细齿，分化边缘不及叶尖消失；中肋单一，近达叶尖消失或短突出；叶中部绿色细胞圆角方形，有1～3个小疣，中肋两侧网状细胞15～20列，长方形，透明，呈不规则梯形插入绿色细胞中。

　　产于海南、云南。生于林下树干。

　　识别要点：主茎匍匐，具多数直立的短分枝；叶基部具透明网状细胞。

鞘刺网藓　花叶藓科　网藓属

Syrrhopodon armatus

qiàocìwǎngxiǎn

植物体矮小，密集或稀疏丛生，绿色或暗绿色①，高1～3mm。茎直立，多分枝。叶密集，干时螺旋状扭转，湿时倾立，鞘部约为叶长的1/3，比叶上部略窄，上方边缘常有直立或倒弯的纤毛状齿，上部长舌形（线条图），钝尖，边缘内卷，有狭窄的透明分化边；中肋单一，达叶尖消失；绿色细胞圆角方形，具疣，中肋两侧各具4～5行大型网状细胞，与绿色细胞交接处呈凸圆形。中肋尖端常着生纺锤形芽胞①。

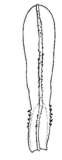

产于广东、海南、四川、台湾、香港和云南。生于林下树干或石壁。

识别要点：叶长舌形；鞘部上方边缘常有直立或倒弯的纤毛状齿。

日本网藓　花叶藓科　网藓属

Syrrhopodon japonicus

rìběnwǎngxiǎn

植物体粗壮，密集丛生，绿色至黄绿色①②，高3～4cm。茎直立，多分枝。叶干燥时弯曲①，湿时伸展②，鞘部长倒卵形，约为叶长的1/8～1/6（线条图），边缘单层细胞，具细齿，上部狭长线形，具多层细胞构成的加厚边缘，具对齿；中肋单一，粗壮，及顶；绿色细胞近方形，背面具低矮小疣，腹面具乳突；网状细胞逐渐插入绿色细胞中，界限不明显。

产于福建、广东、广西、海南、湖南、江西、四川、台湾、香港、云南和浙江。生于林下石壁或树基。

识别要点：植物体粗壮；网状细胞逐渐插入绿色细胞中，界限不明显。

藓类

巴西网藓鞘齿变种

花叶藓科 网藓属

Syrrhopodon prolifer var. *tosaensis*

bāxīwǎngxiǎnqiàochībiànzhǒng

植物体小，密集丛生，黄绿色①，假根深红色，高常不及1cm。茎直立，偶分枝。叶干时扭曲，湿时略呈镰刀状弯曲，鞘部稍宽，边有时具细锐齿，尖端长线形，长约为鞘部的2倍，渐尖（线条图），边缘具狭长细胞构成的透明分化边；中肋单一，及顶或短突出；叶上部细胞近方形，透明，具疣；网状细胞与绿色细胞交接处呈圆形或锐尖。

产于福建、广东、广西、海南和香港。生于树干或岩石。

识别要点：植物体小；叶鞘部边缘偶有细锐齿。

小扭口藓

丛藓科 扭口藓属

Barbula indica

xiǎoniǔkǒuxiǎn

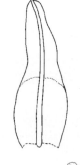

植株矮小，丛生或疏生，绿色或黄绿色①，高0.5～1cm。茎直立，单一不分枝。叶干时皱缩且旋扭，湿时伸展，长卵状舌形，尖端圆钝，平展，边全缘（线条图）；中肋单一，粗壮，长达叶尖，背面具突出的粗疣；叶中上部细胞小，四至六边形，壁薄，不透明，具多个细疣，基部细胞长方形，平滑而透明。蒴柄直立，细长①；孢蒴长卵状圆柱形，多直立①。在叶腋处常见椭球形的芽胞丛生于扫帚状的柄上。

产于北京、福建、广东、河南、江苏、四川、台湾、香港、西藏、云南。生于路边石壁、土坡及墙壁。

识别要点：叶尖圆钝；叶中肋背面具粗疣。

扭口藓 丛藓科 扭口藓属
Barbula unguiculata
niǔkǒuxiǎn

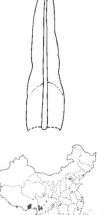

植物体纤细，稀疏丛生，黄绿色①，高1.0~1.5cm。茎直立，多分枝。叶密集或疏生，干时卷缩，湿时倾立，卵状舌形或舌状阔披针形（线条图），上部平展，中下部边缘背卷，叶尖钝，边全缘；中肋单一，粗壮，长达叶尖或突出成小尖头；叶上部细胞圆角方形，壁薄，具多个小马蹄形疣，基部细胞长方形，壁稍厚，平滑。

产于安徽、北京、福建、河北、河南、湖北、湖南、江苏、江西、吉林、辽宁、陕西、山东、上海、山西、四川、台湾、新疆、西藏、云南和浙江。生于路边岩石或土坡。

识别要点：叶卵状舌形，尖端钝；叶上部细胞圆角方形，壁薄，具多个小马蹄形疣。

高山红叶藓 丛藓科 红叶藓属
Bryoerythrophyllum alpigenum
gāoshānhóngyèxiǎn

植物体小到中等大，疏松或密集丛生，绿色或深绿色，高达3cm。茎直立，少分枝①。叶长卵状披针形（线条图），基部阔，尖端渐尖，中下部边背卷，中上部边缘具不规则粗齿；中肋单一，粗壮，近叶尖消失；叶细胞四至六边形，壁薄，具多数圆形、马蹄形或圆环状疣，叶基细胞长方形，多平滑，透明。

产于陕西、四川、西藏和云南。生于阴湿的岩石、土坡或树干。

识别要点：叶长卵状披针形，尖端渐尖，中上部边缘具不规则粗齿。

红对齿藓　丛藓科 对齿藓属

Didymodon asperifolius

hóngduìchǐxiǎn

植物体中等大至大，疏松垫状丛生，暗绿带红棕色①，长达6cm。茎直立或倾立，叉状或成簇分枝①。叶干时内卷，湿时伸展或多少背仰，卵状披针形（线条图），渐尖，边背卷，全缘；中肋单一，细长，及顶或短突出；叶尖部细胞近圆形，壁强烈增厚，中部具1个大圆疣，基部细胞不规则长方形，平滑，透明。

产于甘肃、河北、黑龙江、内蒙古、西藏、云南。生于林下石壁和土坡。

识别要点：叶卵状披针形，渐尖，边全缘；叶尖部细胞近圆形，中部具1个大圆疣。

大对齿藓　丛藓科 对齿藓属

Didymodon giganteus

dàduìchǐxiǎn

植物体大，疏松丛生，黄绿色①，高达10cm。茎直立，单一或少分枝①。叶密集，干时皱缩，湿时强烈背仰，叶基三角状阔卵圆形，向上渐狭呈披针形（线条图），边全缘，中上部呈龙骨状，叶基两侧下延；中肋单一，细长，至叶尖消失；叶中上部细胞菱形或不规则三至五角状星形，细胞具1至多个小圆疣，基部细胞蠕虫状，具壁孔。

产于河南、陕西、四川、西藏、云南。生于阴湿的岩石、岩面薄土及腐木。

识别要点：叶干时皱缩，湿时强烈背仰；叶中上部细胞菱形或不规则三至五角状星形。

藓类

卷叶湿地藓　丛藓科 湿地藓属

Hyophila involuta

juǎnyèshīdìxiǎn

　　植物体小，密集或稀疏丛生，黄绿色或绿色①，高1～2cm。叶干时卷曲，湿时伸展，长椭圆状舌形（线条图），尖端圆钝，具小尖头，叶边下部稍具波曲，上部具明显的锯齿；中肋单一，粗壮，长达叶尖；叶细胞三至五角状圆形，壁稍厚，背面平滑，腹面具乳头状突起。蒴柄长伸出；孢蒴长圆柱形，无蒴齿。芽胞常丛生于叶腋处扫帚状的柄上，圆球形、椭球形或刺状。

　　产于福建、广东、广西、海南、河南、湖北、江苏、江西、吉林、山东、上海、四川、台湾、香港、西藏和云南。生于人为干扰的生境，包括岩面、树基或树干。

　　识别要点：叶呈长椭圆状舌形；叶边上半部有明显锯齿；孢蒴长圆柱形，无蒴齿。

疣薄齿藓　丛藓科 薄齿藓属

Leptodontium scaberrimum

yóubóchǐxiǎn

　　植物体中等大，密集丛生，黄绿色①，高约3cm。茎多单一，直立或倾立。叶干时贴生茎上，湿时背仰，卵状披针形（线条图），尖端短渐尖，叶边下部背卷，上部平展，具不规则细锯齿；中肋单一，粗壮，在叶尖稍下处消失；叶上部细胞呈多角状方形或长方形，密被不规则的星状疣，叶基部细胞较狭长，平滑。

　　产于贵州、河南、四川。生于林边或沟边岩石或土壁。

　　识别要点：叶卵状披针形，上部边缘具锯齿；叶细胞密被突出的星状疣。

薄齿藓 丛藓科 薄齿藓属

Leptodontium viticulosoides

bóchǐxiǎn

植物体粗壮，密集或疏松大片丛生，浅黄色①，长5～10cm。茎直立或倾立，不规则分枝。叶卵状披针形，弓形弯曲（线条图），基部狭，尖端渐尖，叶缘具狭窄卷边，基部全缘，尖部具不规则锯齿；中肋单一，不及叶尖消失；叶细胞圆形或不规则的多角形，壁厚，被密疣，基部细胞较长大，平滑。

产于贵州、四川、西藏、云南。生于林地或腐殖质。

识别要点：植物体浅黄色；叶卵状披针形，弓形弯曲，上部叶缘具锯齿。

平齿粗石藓 曲尾藓科 粗石藓属

Rhabdoweisia laevidens

píngchǐcūshíxiǎn

植物体细弱，稀疏或密集丛生，黄绿色①，高约0.5cm。茎单一或稀疏分枝。叶干燥时强烈卷曲，湿润时倾立伸展，阔披针形（线条图），上部宽，渐尖，叶缘平展，中上部具不规则细齿；中肋单一，在叶尖前消失；叶上部细胞不规则多边形或圆角方形，基部细胞长方形。蒴柄纤细，长达1～2cm①；孢蒴窄长卵形，黄绿色；蒴帽兜形，平滑。

产于江西、云南。生于水沟边岩石。

识别要点：叶阔披针形，中上部边缘具细齿。

剑叶舌叶藓　丛藓科　舌叶藓属

Scopelophila cataractae

jiànyèshéyèxiǎn

　　植物体小到中等大，柔软，紧密丛生，暗绿色①，高1～2cm。茎直立，单一或逐年生出新枝。叶长椭圆状披针形（线条图），基部狭缩，尖端急尖，呈剑头形或舌形，圆钝或具短尖头，边缘下部稍背卷，中上部平展，全缘；中肋单一，达叶尖或近叶尖消失①；叶细胞不规则多角形，平滑，壁薄。

　　产于安徽、福建、甘肃、广西、湖南、江苏、江西、辽宁、四川、台湾、西藏和云南。生于沟边岩石或岩面薄土。

　　识别要点：植物体柔软；叶尖圆钝或具短尖头。

齿边缩叶藓　缩叶藓科　缩叶藓属

Ptychomitrium dentatum

chǐbiānsuōyèxiǎn

　　植物体中等大，密集丛生，绿色或黄绿色①，高1～3cm。茎直立或倾立，多叉状分枝①。叶干时略扭曲，湿时舒展，舌形或宽线状披针形（线条图），尖端多圆钝，上部龙骨状背凸，叶缘平直或中下部略背卷，上部具多细胞构成的尖齿；中肋单一，强劲，不及叶尖消失；叶上部细胞常不透明，圆形或近方形，叶基部细胞长方形至近方形。蒴柄长约5mm；孢蒴常单生，直立，长椭圆形①；蒴帽钟形，基部具裂瓣，表面具褶皱。

　　产于福建、海南、青海、陕西、四川、云南。生于岩面或岩面薄土。

　　识别要点：叶尖端多圆钝，上部边缘具多细胞构成的尖齿；孢蒴常单生。

多枝缩叶藓　缩叶藓科 缩叶藓属

Ptychomitrium gardneri

duōzhī suōyèxiǎn

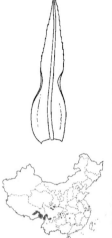

　　植物体粗壮，密集丛生，绿色或黄绿色①，高2～4cm。茎上部具多数分枝。叶干燥时扭曲②，湿时舒展①，基部宽，向上渐成披针形，尖端多锐尖（线条图），龙骨状背凸，叶上部边缘具多细胞构成的不规则齿；中肋单一，强劲，长达叶尖或近叶尖消失；叶中上部细胞近方形，叶基部近边缘细胞长方形。蒴柄长超过1cm①；孢蒴直立，单一或2～3个簇生，卵圆形①；蒴帽钟形，基部具裂瓣，表面具褶皱①。

　　产于贵州、河北、湖北、湖南、江苏、陕西、山西、四川、台湾、西藏、云南和浙江。生于岩面或岩面薄土。

　　识别要点：植物体常具多分枝；叶上部边缘具多细胞不规则齿；孢蒴单一或2～3个簇生。

狭叶缩叶藓　缩叶藓科 缩叶藓属

Ptychomitrium linearifolium

xiáyèsuōyèxiǎn

　　植物体中等大，密集丛生，绿色或黄绿色①，高1～3cm。茎单一或叉状分枝。叶基部卵形，向上成狭披针形（线条图），尖端窄而尖锐，上部龙骨状背凸，下部内凹，叶缘中下部背卷，上部具不规则多细胞锯齿；中肋单一，强劲，几达叶尖；叶细胞近方形至长方形。蒴柄短，长4～5mm；孢蒴椭圆形①。

　　产于安徽、福建、湖南、江西和浙江。生于中高海拔山地岩面。

　　识别要点：叶狭披针形；叶中上部边缘具不规则多细胞锯齿。

毛尖紫萼藓　　紫萼藓科　紫萼藓属
Grimmia pilifera
máojiānzǐ'èxiǎn

植物体中等大，稀疏或密集丛生，黄绿色或绿色①，高3～4cm。茎倾立，稀疏叉状分枝。叶稀疏覆瓦状排列，基部卵圆形，多少呈鞘状，向上急剧收缩成披针形或长披针形（线条图），明显龙骨状，尖端具透明白色毛尖①，叶边全缘，中下部背卷；中肋单一，近及顶或贯顶；叶上部细胞2层，不规则方形，不透明，壁波状加厚，中部细胞短方形至长方形。蒴柄很短；孢蒴长卵形，隐没于雌苞叶内。

产于安徽、北京、福建、河北、黑龙江、河南、湖南、江苏、江西、吉林、辽宁、内蒙古、上海、陕西、山东、四川、西藏和云南。生于高山光照强烈的岩石上。

识别要点：叶尖端具白色透明毛尖；孢蒴长卵形，隐没于雌苞叶内。

黄砂藓　　紫萼藓科　砂藓属
Racomitrium anomodontoides
huángshāxiǎn

植物体粗壮，稀疏大片丛生，上部黄绿色，下部深褐色①，长7～8cm。茎匍匐或倾立，不规则分枝。叶干时常覆瓦状排列，湿时伸展，披针形至长披针形（线条图），从卵形或阔卵形基部向上渐窄伸长，基部具纵褶，上部略呈龙骨状，尖端边缘常具不规则齿突；中肋细弱，在叶尖下消失；叶中部细胞近方形，基部细胞狭长方形，壁波状加厚，具密疣。蒴柄长约1cm；孢蒴长筒形；蒴帽钟状。

产于我国大部分省区。生于中高海拔的山地岩石或岩面薄土。

识别要点：叶干时常覆瓦状排列，湿时伸展；叶上部边缘具不规则齿突。

藓类

短柄砂藓　紫萼藓科 砂藓属

Racomitrium brevisetum

duǎnbǐngshāxiǎn

植物体中等大，稀疏或密集交织生长，绿色①，长2~3cm。茎匍匐或倾立，不规则稀疏分枝①。叶略向一侧偏曲，阔卵状披针形（线条图），从卵状基部向上收缩成短尖，上部内凹，下部具皱褶，叶缘背卷；中肋单一，不及叶尖，有时尖端分叉；叶上部细胞近方形，壁波状，中部细胞壁波状加厚，角细胞不分化，但一侧边缘常有1列透明薄壁细胞。蒴柄短，长4~6mm；孢蒴卵形。

产于安徽、重庆、福建、贵州、黑龙江、江西、吉林、四川、浙江。生于林下石壁或岩面薄土。

识别要点：叶阔卵状披针形，略向一侧偏曲；中肋仅及叶长的2/3~3/4。

葫芦藓　葫芦藓科 葫芦藓属

Funaria hygrometrica

hú·luxiǎn

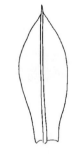

植物体小至中等大，丛集或大面积散生，黄绿色或带红褐色①，高1~3cm。茎单一或分枝。叶簇生在茎尖端，干时皱缩，湿时倾立，阔卵形、卵状披针形或倒卵圆形（线条图），尖端急尖，叶边多少内卷，全缘；中肋单一，及顶或偶短突出；叶细胞不规则长方形或多边形，薄壁，基部细胞狭长方形。蒴柄细长①；孢蒴梨形，不对称，垂倾（①左上）；蒴帽兜形，形似葫芦瓢状（①左上）。

产于我国大部分省区。生于村边及路边的土壁。

识别要点：叶簇生在茎尖端；孢蒴梨形，垂倾；蒴帽兜形，形似葫芦瓢状。

红蒴立碗藓 葫芦藓科 立碗藓属

Physcomitrium eurystomum

hóngshuòlìwǎnxiǎn

植物体小，稀疏或稍密集丛生，鲜绿色或黄绿色①，高2～5mm。茎直立，不分枝①。叶集生于茎尖端，呈莲座状，长卵圆形或长椭圆形（线条图），茎尖端的叶较大，边全缘，具1～2列狭长细胞构成的分化边；中肋单一，长达叶尖；叶中部细胞呈长六角形或长椭圆状六角形。蒴柄细长，长约5～10mm①；孢蒴球形或椭球形，成熟时浅黄色至红褐色①；蒴盖锥形，顶部具圆突。

产于安徽、重庆、福建、广东、广西、黑龙江、吉林、江苏、内蒙古、上海、四川、香港、西藏、云南和浙江。生于农地或花圃。

识别要点：叶莲座状集生于茎尖端；孢蒴球形或椭球形。

日本立碗藓 葫芦藓科 立碗藓属

Physcomitrium japonicum

rìběnlìwǎnxiǎn

植物体小，疏松或密集丛生，鲜绿或黄绿色①，连叶高3～6mm。茎直立，稀分枝。叶椭圆状披针形（线条图），尖端宽急尖，边缘不分化，全缘；中肋单一，粗壮，在叶尖下消失；叶中部细胞长方形或菱形，薄壁，尖端细胞较短小，椭圆状六角形，叶基部细胞长方形。蒴柄较粗壮，长2～8mm①；孢蒴椭球形；蒴盖锥形。

产于安徽、福建、广东、黑龙江、湖南、江苏、上海、云南和浙江。生于农地或绿化带。

识别要点：叶中肋粗壮，不及叶尖消失；孢蒴椭球形。

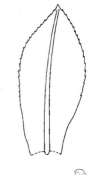

立碗藓 葫芦藓科 立碗藓属

Physcomitrium sphaericum

lìwǎnxiǎn

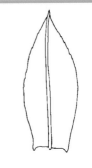

植物体小。稀疏或密集丛生，淡绿色①，连叶高2～6mm。茎直立，不分枝。茎下部叶较小，上部叶较大，椭圆形或倒卵状匙形（线条图），尖端渐尖，边全缘或上部疏被钝齿；中肋单一，长达叶尖，偶短突出；叶中上部细胞五边形、六边形或长椭圆形，基部细胞不规则长方形。蒴柄较短，长3～5mm①；孢蒴椭球形，红褐色①；蒴盖锥形。

产于重庆、福建、江苏、吉林、上海、四川和西藏。生于农地。

识别要点：叶中肋长达叶尖，偶短突出；蒴柄较短；孢蒴椭球形。

真藓 真藓科 真藓属

Bryum argenteum

zhēnxiǎn

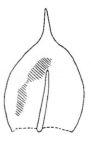

植物体小，密集或疏松丛生，银白色至淡绿色，具绢丝光泽①。茎直立，少或不规则分枝。叶干、湿时均覆瓦状排列，宽卵圆形或近圆形，兜状（线条图），具细长尖或短渐尖，上部无色透明，下部呈浅绿色或黄绿色，全缘；中肋单一，细弱，在叶中部消失；叶中部细胞方形或长六角形，壁薄，上部细胞较大，无色透明，下部细胞圆角方形，绿色。蒴柄长达2cm（①左上）；孢蒴卵圆形或长圆形，垂倾，成熟时红褐色（①左上）。叶腋常密生椭球形芽胞①。

产于安徽、重庆、福建、贵州、海南、黑龙江、河南、湖北、湖南、江苏、辽宁、内蒙古、陕西、山东、上海、四川、台湾、新疆、西藏、云南。生于向阳的岩面或土坡。

识别要点：植物体银白色至淡绿色；叶覆瓦状排列；孢蒴卵圆形或长圆形，垂倾。

柔叶真藓　真藓科　真藓属

Bryum cellulare

róuyèzhēnxiǎn

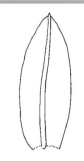

植物体小，稀疏或密集丛生，绿色、黄绿色至橙红色①，高常不及1cm。叶柔薄，下部叶小而稀，上部叶大而密，卵圆形或椭圆状披针形（线条图），兜状，有时不等对折，急尖或渐尖，尖部有时具小尖头，叶缘由1~2列狭菱形细胞构成不明显分化边缘，全缘；中肋单一，不及叶尖消失或贯顶；叶中部细胞菱形或长六角形，壁薄。蒴柄纤细（①左下）；孢蒴平列或倾斜，梨形（①左下）。

产于重庆、广东、江苏、山东、四川、台湾、香港和云南。生于近水边土坡或石壁。

识别要点：叶卵圆形或椭圆状披针形，兜状；中肋不及叶尖消失或及顶；孢蒴平列或倾斜，梨形。

细叶真藓　真藓科　真藓属

Bryum capillare

xìyèzhēnxiǎn

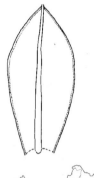

植物体中等大，稀疏或密集丛生，亮绿色（①左上），高达1cm。茎直立，多不分枝。叶干时皱缩，湿时伸展，茎下部叶稍小，中上部叶大，倒卵形或椭圆形（线条图），最宽处在中部，尖端急尖，叶边全缘或具微齿，由1~2列狭线形细胞形成不明显的分化边缘；中肋单一，及顶或短突出；叶中部细胞长六边形或菱形，壁薄，基部细胞较大，长方形。蒴柄纤细①；孢蒴近棒槌状，垂倾①。

产于重庆、广西、湖北、江苏、内蒙古、陕西、台湾、新疆、西藏、云南和浙江。生于土坡或岩面薄土。

识别要点：叶倒卵形；中肋强，及顶或短突出；孢蒴近棒槌状，垂倾。

拟长蒴丝瓜藓　真藓科　丝瓜藓属

Pohlia longicollis

nǐchángshuòsīguāxiǎn

植物体中等大，密集丛生，黄绿色，多具光泽①，高1～2cm。茎直立，几不分枝。叶多生于茎上部，披针形或狭披针形（线条图），内凹，尖端渐尖或略扭曲，叶边多平展，上部具细齿；中肋单一，长达叶尖消失；叶中部细胞线形，薄壁。蒴柄直立，长约1～2cm①；孢蒴棒槌状，台部约为壶部的1/3①。

产于黑龙江、吉林、辽宁、内蒙古、四川、台湾、西藏和云南。生于林下土坡或岩面薄土。

识别要点：中肋单一，长达叶尖消失；叶中部细胞线形；孢蒴棒槌状。

暖地大叶藓　真藓科　大叶藓属

Rhodobryum giganteum

nuǎndìdàyèxiǎn

植物体大，稀疏丛生，鲜绿色或黄绿色①，高2～3cm。地下茎匍匐，地上茎直立。叶莲座状聚生于直立茎顶端①，长舌形或近匙形（线条图），上部明显宽于基部，尖端渐尖，上部边缘平展或略波曲，具双齿①，中下部边缘背卷；中肋单一，及顶①，横切面具厚壁细胞束；叶中部细胞长菱形，薄壁。

产于安徽、重庆、福建、广东、广西、贵州、海南、湖北、湖南、江西、陕西、四川、台湾、西藏、云南和浙江。生于林下腐殖质及岩面薄土。

识别要点：叶莲座状集生于直立茎顶端；叶缘上部具双齿；中肋横切面具厚壁细胞束。

阔边大叶藓　真藓科 大叶藓属

Rhodobryum laxelimbatum

kuòbiāndàyèxiǎn

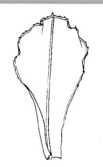

　　植物体稀疏丛生，鲜绿色或黄绿色①，高约2.5cm。地下茎匍匐，地上茎直立。叶莲座状聚生于直立茎顶端①，近匙形或倒卵形（线条图），渐尖或具小急尖头，上部边缘平展，具2～4列狭长细胞构成的分化边，具齿，中下部边缘背卷；中肋单一，及顶，横切面无厚壁细胞束；叶中部细胞长六角形。

　　产于台湾、西藏和云南。生于林下腐殖质及岩面薄土。

　　识别要点：叶莲座状集生于直立茎顶端；叶具强分化边缘；中肋横切面无厚壁细胞束。

狭边大叶藓　真藓科 大叶藓属

Rhodobryum ontariense

xiábiāndàyèxiǎn

　　植物体稀疏丛生，绿色或黄绿色①，高2～3cm。地下茎匍匐，地上茎直立。叶莲座状聚生于直立茎顶端①，长舌形（线条图），上部宽于下部，上部边缘平展，具齿，下部背卷，边缘细胞不明显分化；中肋单一，近及顶或贯顶，横切面具厚壁细胞束，背部仅1列大的表皮细胞。

　　产于安徽、广东、广西、贵州、湖北、湖南、吉林、辽宁、陕西、山西、四川、台湾、西藏和云南。生于林下腐殖质或岩面薄土。

　　识别要点：叶莲座状集生于直立茎顶端；中肋横切面具厚壁细胞束，背部仅1列大的表皮细胞。

大叶藓 真藓科 大叶藓属
Rhodobryum roseum
dàyèxiǎn

植物体小到中等大,绿色或黄绿色①,高1～3cm。地下茎匍匐,地上茎直立。叶莲座状聚生于直立茎顶端①,倒卵形至近匙形(线条图),上部略宽,边缘平,具齿①,中下部边缘背卷;中肋单一,在近尖部消失,横切面中部具少量的厚壁细胞束,背部具2列大型表皮细胞。

产于吉林、四川和云南。生于高海拔或北方林地。

识别要点:叶莲座状集生于直立茎顶端;中肋横切面具厚壁细胞束,背部具2列大型表皮细胞。

平肋提灯藓 提灯藓科 提灯藓属
Mnium laevinerve
pínglèitídēngxiǎn

植物体中等大,疏松丛生,嫩绿色①,长1.5～2.0cm。茎直立,稀具分枝。叶干时卷曲,湿时伸展,长椭圆形(线条图),具狭分化边,边缘具双列尖锯齿;中肋单一,长达叶尖;叶细胞呈不规则六边形或近圆形,壁薄。蒴柄长约1.5cm;孢蒴长椭圆形,平展或略微垂倾。

产于重庆、福建、甘肃、广西、河北、黑龙江、河南、湖北、江苏、江西、吉林、内蒙古、陕西、山西、四川、台湾、新疆、西藏、云南和浙江。生于林下土坡。

识别要点:叶干时卷曲,湿时伸展,长椭圆形,具狭分化边,边缘具双列尖锯齿。

柔叶立灯藓

提灯藓科 立灯藓属

Orthomnion dilatatum

róuyèlìdēngxiǎn

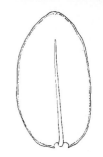

　　植物体粗壮，稀疏或密集生长，黄绿色①。茎密被黄棕色假根；营养枝匍匐，生殖枝直立。叶多集生于枝的上段，干时卷曲，湿时伸展，阔卵圆形或近于圆形（线条图），顶部圆钝，基部狭缩，具狭分化边，叶边全缘；中肋单一，长达叶中上部；叶细胞呈五至六边形，壁不规则增厚。孢子体2～5个簇生于生殖枝顶端，平卧；蒴柄短；孢蒴长椭圆状圆柱形，具伸长的台部，平卧或倾立①。

　　产于安徽、重庆、福建、广东、海南、湖北、陕西、四川、台湾、西藏和云南。生于林下岩石或树干。

　　识别要点：孢子体2～5个簇生于枝顶；孢蒴长椭圆状圆柱形，具伸长的蒴台。

皱叶匐灯藓

提灯藓科 匐灯藓属

Plagiomnium arbuscula

zhòuyèfúdēngxiǎn

　　植物体大，疏松丛生，淡绿色①，高5～8cm。主茎匍匐，次生茎直立。叶呈狭卵圆形或带状舌形，具明显的横波纹（线条图），基部狭缩，角部稍下延，尖端急尖或渐尖，具明显的分化边，叶边几全部具密而尖的锯齿，齿由1～2个细胞构成；中肋单一，粗壮，长达叶尖；叶细胞较小，呈多角状不规则圆形，壁角部均加厚。蒴柄长3～5cm①；孢蒴多个丛生，垂倾，长卵状圆柱形①。

　　产于安徽、甘肃、贵州、黑龙江、河南、湖北、吉林、青海、陕西、四川、西藏、云南。生于林地或沟边土坡。

　　识别要点：叶具明显的横波纹；孢蒴多个丛生。

薛类

密集匐灯藓 提灯藓科 匐灯藓属

Plagiomnium confertidens

mìjífúdēngxiǎn

植物体较粗壮，疏松丛生，绿色①，长达10cm。主茎匐匍，次生茎直立。叶疏生，狭卵圆形、长舌形或倒卵圆形，具数条横波纹（线条图），叶基下延，尖端急尖或圆钝，边缘有2～4列近线形细胞组成的明显分化边，叶边具单细胞锯齿（线条图）；中肋单一，粗壮，长达叶尖或在叶尖稍下处消失；叶细胞较小，多角形至近圆形。

产于重庆、广东、河北、黑龙江、吉林、内蒙古、青海、陕西、四川、台湾、云南。生于高山林地或腐殖质。

识别要点：植物体较粗壮；叶具强分化边，上下均具单细胞锯齿。

大叶匐灯藓 提灯藓科 匐灯藓属

Plagiomnium succulentum

dàyèfúdēngxiǎn

植物体粗壮，疏松交织丛生，绿色或深绿色①，长约4cm。主茎匐匍，营养枝匐匍或倾立，生殖枝直立。叶干时扭卷，湿时舒展，阔卵形或阔椭圆形（线条图），基部狭缩，不下延，尖端圆钝，具小尖头，叶缘具不明显分化的狭边，中上部具稀疏细齿；中肋单一，近叶尖消失（线条图）；叶细胞较大，呈斜长的五或六角形，或近于长方形。

产于安徽、重庆、福建、广东、广西、贵州、海南、黑龙江、湖南、江苏、江西、陕西、四川、台湾、西藏、云南和浙江。生于林下沟边石壁及岩面薄土。

识别要点：植物体有营养枝和生殖枝之分；叶呈阔卵形或阔椭圆形。

藓类

匐灯藓 提灯藓科 匐灯藓属

Plagiomnium cuspidatum

fúdēngxiǎn

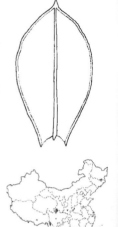

植物体中等大，疏松或密集丛生，暗绿色或黄绿色，无光泽①。主茎与营养枝均匍匐生长或呈弓形弯曲，生殖枝直立。叶阔卵圆形（线条图），基部狭缩，角部下延，尖端急尖，具小尖头，叶缘具明显的分化边，中上部具单列齿；中肋单一，稍突出叶尖；叶细胞不规则圆形，壁薄。蒴柄长2～3cm②；孢蒴卵状圆筒形，常下垂②。

产于安徽、重庆、广东、广西、河北、黑龙江、河南、湖南、江苏、江西、吉林、辽宁、内蒙古、陕西、山东、四川、西藏和云南。生于林地土坡或腐殖质。

识别要点：主茎与营养枝均匍匐生长或呈弓形弯曲，生殖枝直立；叶缘具明显的分化边，中上部具单列齿。

圆叶毛灯藓 提灯藓科 毛灯藓属

Rhizomnium nudum

yuányèmáodēngxiǎn

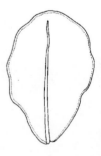

植物体中等大，稀疏或密集丛生，嫩绿色①，高1～2cm。茎直立，基部密被假根。叶疏生，干时略旋扭，湿时舒展，下部的叶较小，近于圆形，上部的叶较大，阔倒卵形（线条图），尖端圆钝，叶基狭缩，叶边明显分化，全缘；中肋单一，长达叶上部；叶细胞呈较规则的长六边形或五边形，叶缘2～3列细胞呈狭长方形。

产于西藏、云南。生于林地或岩面薄土。

识别要点：植物体嫩绿色；叶稀疏着生，阔倒卵形，具明显分化边。

疣灯藓

提灯藓科 疣灯藓属

Trachycystis microphylla

yóudēngxiǎn

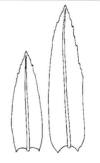

植物体中等大，密集丛生，绿色至暗绿色①，高1～3cm。茎单一或自茎顶丛生出多数细枝，干燥时往往向一侧弯曲。叶疏生，长卵圆状披针形（线条图），基部宽，尖端渐尖，边缘分化不明显，具单列细齿；中肋单一，长达叶尖，尖端背面具数枚刺状齿；叶细胞圆多角形，壁薄，两面均具单乳突。

产于安徽、重庆、贵州、黑龙江、河南、湖北、湖南、江苏、江西、陕西、四川、云南和浙江。生于林下土坡及岩面薄土。

识别要点：茎顶常丛生出多数细枝；叶细胞具单乳突。

树形疣灯藓

提灯藓科 疣灯藓属

Trachycystis ussuriensis

shùxíngyóudēngxiǎn

植物体粗壮，密集丛生，绿色至黄绿色①。茎有营养枝和生殖枝之分：营养枝匍匐，呈弓形弯曲或斜伸，长3～4cm；生殖枝直立，高2～3cm，尖端往往丛生多数小枝①。叶密集，长卵圆形或阔卵圆形（线条图），基部阔，稍下延，中上部边缘不明显分化，具锯齿；中肋单一，粗壮，达叶尖部消失；叶细胞多角状圆形，平滑。

产于重庆、甘肃、广东、贵州、河北、黑龙江、河南、湖北、吉林、内蒙古、陕西、四川、台湾、新疆和云南。生于林下石壁。

识别要点：叶中上部边缘具锯齿；叶细胞多角状圆形，平滑。

大桧藓 桧藓科 桧藓属

Pyrrhobryum dozyanum

dàguìxiǎn

植物体粗壮，密集丛生，黄绿色或褐绿色，偶带红棕色①，高5～8cm。茎直立，单一或呈束状分枝，密被褐色假根。叶线状披针形，尖端渐尖（线条图），中上部边缘细胞多层，具双列锐齿；中肋单一，粗壮，长达叶尖，上部背面具刺状齿突；叶细胞四至六边形。蒴柄着生于茎中部，长3～4cm；孢蒴圆柱形，常背曲；蒴帽兜形。

产于安徽、重庆、福建、广东、广西、贵州、海南、湖南、江西、四川、台湾、西藏、云南和浙江。生于沟边岩面薄土或土坡。

识别要点：植物体粗壮；叶线状披针形；孢蒴着生于茎中部。

刺叶桧藓 桧藓科 桧藓属

Pyrrhobryum spiniforme

cìyèguìxiǎn

植物体中等大，硬挺，黄绿色，下部带褐色①，高约4～6cm。茎直立，少分枝。叶呈羽毛状疏生，狭披针形（线条图），尖端渐尖，叶缘增厚，具单列或双列锯齿；中肋单一，粗壮，长达叶尖，上部背面具刺状齿突；叶细胞圆角方形或多边形。蒴柄着生于茎基部，长约4cm；孢蒴倾斜，呈长卵状圆柱形①；蒴帽兜形。

产于福建、广东、广西、海南、湖南、江西、台湾、西藏、云南和浙江。生于林下树基或沟边土坡。

识别要点：叶似羽毛状疏生，狭披针形；蒴柄着生于茎基部。

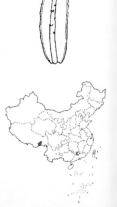

沼泽皱蒴藓　皱蒴藓科 皱蒴藓属

Aulacomnium palustre

zhǎozézhòushuòxiǎn

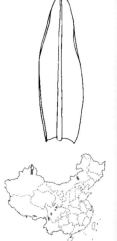

　　植物体粗大，密集丛生，绿色或黄绿色①，高达10cm。茎直立，中下部多假根，具分枝。叶密集，披针形或阔披针形（线条图），中部边缘内卷，上部平展，尖端钝尖，边全缘或有钝齿；中肋单一，纤细，不及叶尖消失；叶细胞六边形或不规则圆形，角部略加厚，具单疣。某些枝端有无性芽聚生。

　　产于黑龙江、湖北、吉林、辽宁、内蒙古、陕西、四川、新疆、西藏和云南。生于北方或高山沼泽或腐殖质。

　　识别要点：植物体粗大；某些枝端有无性芽聚生。

梨蒴珠藓　珠藓科 珠藓属

Bartramia pomiformis

líshuòzhūxiǎn

　　植物体中等大，密集丛生，黄绿色①，高2~5cm。茎单一或分枝，密被棕色假根。叶干时弯曲，湿时伸展，线状披针形，向上渐成细长尖（线条图），叶缘具单列齿；中肋单一，长达叶尖，上部背面具刺状齿；叶上部细胞单层，边缘2层，近长方形，基部细胞不规则长方形。蒴柄长，伸出雌苞叶①；孢蒴球形，成熟后表面具纵长褶。

　　产于安徽、重庆、贵州、河北、黑龙江、湖北、湖南、江西、吉林、辽宁、内蒙古、陕西、四川、台湾、新疆、云南和浙江。生于沟边土坡或岩石。

　　识别要点：叶线状披针形，具细长尖；蒴柄长，伸出雌苞叶；孢蒴球形，成熟后表面具纵长褶。

泽藓 珠藓科 泽藓属

Philonotis fontana

zéxiǎn

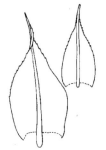

植物体大，密集丛生，绿色或黄绿色，有丝质光泽①，高2～10cm。茎常叉状分枝。叶狭三角形，基部阔卵形或心形（线条图），边背卷，上部渐尖，边具微齿；中肋单一，粗壮，及顶或略突出；叶细胞多角形或长方形，具疣，腹面观疣位于细胞上端，背面观疣位于细胞下端。精子器聚生于雄株顶端，橘红色。孢蒴卵圆形或圆形，有纵褶。

产于安徽、福建、甘肃、河南、湖北、湖南、吉林、内蒙古、陕西、山东、山西、四川、台湾、新疆、西藏、云南和浙江。多生于高寒地区沼泽，常形成大片群落，蔚为壮观。

识别要点：叶狭三角形，边背卷，上部渐尖，边具微齿；叶细胞具疣，腹面观疣位于细胞上端，背面观疣位于细胞下端。

密叶泽藓 珠藓科 泽藓属

Philonotis hastata

mìyèzéxiǎn

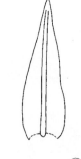

植物体较纤细，柔软，黄绿色，有光泽①，高约2cm。茎直立，少分枝，下部密被棕褐色假根。叶覆瓦状着生，披针形或椭圆状披针形（线条图），尖端渐尖，基部平截，最宽处在叶基之上，边平展或内卷，上部有细齿，中下部全缘；中肋单一，粗壮，多不及顶消失；叶中上部细胞长方形，前角突明显或不明显，基部细胞近长方形，平滑。

产于福建、广东、海南、台湾、西藏和云南。生于潮湿的土壤或石壁。

识别要点：植物体纤细；叶中肋常不及顶。

东亚泽藓　珠藓科 泽藓属
Philonotis turneriana
dōngyàzéxiǎn

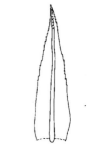

　　植物体纤细，密集丛生，黄绿色，略有光泽①，高约1~2cm。茎直立，基部密生假根。叶干时贴生，湿时伸展，三角状披针形（线条图），叶基平截，最宽处在着生之处，尖端渐尖具狭长尖，叶边有齿；中肋单一，粗壮，长达叶尖，背有齿突；中上部细胞狭长方形，具前角突。

　　产于重庆、福建、广东、贵州、湖北、湖南、江苏、江西、吉林、山东、台湾、新疆、西藏和云南。生于潮湿的岩石或土坡。

　　识别要点：叶最宽处在叶基着生处；叶中上部细胞狭长方形，具前角突。

拟木灵藓　木灵藓科 木灵藓属
Orthotrichum affine
nǐmùlíngxiǎn

　　植物体小，密集丛生，绿色或黄绿色①，高约1cm。茎直立，叉状分枝。叶干燥时直立，长卵状披针形（线条图），锐尖或近短尖，边全缘；中肋单一，近叶尖消失；叶上部细胞圆角方形或稍长，壁厚，具单疣或多疣，近中肋处基部细胞长方形，平滑。蒴柄短①；孢蒴仅一半伸出雌苞叶外，长圆柱形①；气孔显type；蒴帽钟形，具稀疏毛。具纺锤形芽胞，有时分枝。

　　产于重庆和新疆。生于树干。

　　识别要点：叶干燥时直立；孢蒴仅一半伸出雌苞叶外。

中国木灵藓　　木灵藓科 木灵藓属

Orthotrichum hookeri

zhōngguómùlíngxiǎn

　　植物体中等大，密集簇生，绿色或黄绿色①，高1～2cm。茎直立，叉状分枝。叶干燥时直立，长卵状披针形（线条图），长渐尖，边全缘；中肋单一，近叶尖消失；叶上部细胞不规则圆角方形，壁厚，具多疣，基部细胞长方形，平滑。蒴柄直立，长约1cm①；孢蒴伸出雌苞叶外，长圆柱形①；气孔显型；蒴帽钟形，具稀疏毛①。

　　产于重庆、甘肃、青海、四川、新疆、西藏和云南。生于树干。

　　识别要点：叶干燥时直立；孢蒴伸出雌苞叶外。

黄牛毛藓　　牛毛藓科 牛毛藓属

Ditrichum pallidum

huángniúmáoxiǎn

　　植物体小，密集丛生，黄绿色或绿色，略具光泽①，高约1cm。茎直立，单一。叶多向一侧弧形弯曲，基部长卵形，尖端具细齿，向上渐成细长尖，中上部边全缘（线条图）；中肋单一，基部宽阔，充满叶的上部；叶肩部边缘多具数列狭长方形细胞，近中肋细胞长方形，尖部细胞狭长方形。蒴柄细长，长2～4cm①；孢蒴长卵形，不对称，略向一侧偏曲①；蒴帽兜形①。

　　产于安徽、福建、广东、河南、湖北、湖南、江苏、江西、西藏、云南和浙江。生于土坡。

　　识别要点：叶多向一侧弧形弯曲；蒴柄细长；孢蒴长卵形。

荷包藓　牛毛藓科 荷包藓属

Garckea flexuosa

hébāoxiǎn

植物体细弱，疏松丛生，黄绿色①，高1～1.5cm。茎直立，单一不分枝。叶干时贴茎，湿时倾立，近茎基部叶小，疏生，近茎尖部叶大，密集①，披针形或狭披针形（线条图），叶边全缘；中肋单一，粗壮，短突出叶尖；叶上部细胞线形，基部细胞狭长方形。蒴柄短；孢蒴长椭圆形或短柱形，隐没于雌苞叶中；蒴帽小，钟形。

产于福建、广东、广西、海南、四川、台湾和云南。生于路边土坡。

识别要点：植物体近茎基部叶小，疏生，近茎尖部叶大，密集。

丛毛藓　牛毛藓科 丛毛藓属

Pleuridium subulatum

cóngmáoxiǎn

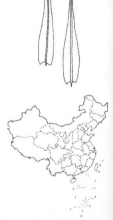

植物体极小，丛集或散生，黄绿色①，高约0.5cm。茎纤细，不分枝。基部叶小而疏生，上部叶大而丛生，并多向一侧偏曲，卵形或长卵形，向上渐呈狭线形；叶缘平直，中部以上内卷，上部具齿突；中肋单一，粗壮，几占满整个叶上部；叶中上部细胞狭长方形至线形，壁薄，基部细胞长方形，壁薄。雌苞叶与上部茎叶同形，略大。蒴柄短①；孢蒴近球形，隐没于雌苞叶中①；无蒴齿；蒴帽兜状。

产于澳门、广东、香港、西藏。生于农地。

识别要点：植物体极小；蒴柄很短；孢蒴近球形，隐没于雌苞叶中。

节茎曲柄藓 曲尾藓科 曲柄藓属

Campylopus umbellatus

jiéjīngqūbǐngxiǎn

植物体中等大至大，密集丛生，黄绿色至深绿色①，高1~3cm。茎直立或倾立，单一或叉状分枝，多年生植株呈节簇状①。叶从狭窄基部向上渐呈卵状披针形（线条图），中下部最宽，尖端常有透明毛尖①，叶缘全缘，近尖端略内卷；中肋单一，宽阔，约占叶基部宽的1/3~1/2，尖端突出呈毛状尖；叶中上部细胞纺锤形，基部细胞长方形，角细胞界限明显。蒴柄长5~6mm，弯曲下垂呈鹅颈状。

产于安徽、福建、广东、广西、贵州、海南、湖北、湖南、江西、四川、台湾、云南、浙江。生于林下岩石或土坡。

识别要点：多年生植株呈节簇状；叶尖端有白色透明毛尖；蒴柄呈鹅颈状弯曲。

南亚小曲尾藓 曲尾藓科 小曲尾藓属

Dicranella coarctata

nányàxiǎoqūwěixiǎn

植物体小，疏松或密集丛生，黄绿色①，高5~12mm。茎直立，几不分枝。叶略向一侧偏曲，基部宽鞘状，向上很快成为细长尖（线条图），边全缘或尖端有齿突；中肋单一，纤细，突出呈芒状尖；叶中上部细胞狭长方形，基部细胞稍短。蒴柄直立或略弯曲，长8~15mm①；孢蒴椭圆形，近直立①；蒴齿单列，齿片2裂达中部。

产于福建、广东、海南、湖南、江西、台湾、香港、云南、浙江。生于路旁或开阔地。

识别要点：中肋突出叶尖呈芒状尖；蒴齿齿片2裂达中部。

山地青毛藓 曲尾藓科 青毛藓属

Dicranodontium didictyon

shāndì qīngmáoxiǎn

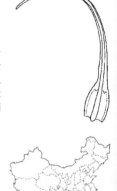

植物体大，密集丛生，黄绿色，具弱光泽①，高2~4cm。茎直立，几不分枝。叶常向一侧偏曲，基部宽，向上为细长披针形，叶尖呈毛状尖（线条图），叶缘内卷成管状，边缘细胞相对较狭长，全缘；中肋单一，宽为叶基部宽的1/3，尖端突出呈芒状尖，有细齿；叶细胞方形或长椭圆形，基部近中肋细胞大，排列疏松，角部细胞不凸出，不规则四至六边形，壁薄，透明。

产于广西、贵州、海南、四川、西藏、云南。生于林下树基或岩面。

识别要点：植物体较大；叶常向一侧偏曲。

日本曲尾藓 曲尾藓科 曲尾藓属

Dicranum japonicum

rìběnqūwěixiǎn

植物体大，密集丛生，黄绿色，略带光泽①，高2~5cm。茎单一，稀叉状分枝，密被假根。叶四散倾立或扭曲，干燥时呈镰刀形弯曲，湿时略伸展，狭披针形（线条图），上部背凸，龙骨状，边缘有粗锐齿；中肋单一，纤细，突出叶尖呈短毛状尖，上部背面有2列粗齿；叶上部细胞长菱形，基部细胞狭长方形，壁薄，有壁孔，角细胞褐色，壁薄。蒴柄成熟时黄色或红褐色；孢蒴长柱形，背曲弓形；蒴帽兜形②。

产于我国大部分省区。生于林下腐殖质或岩面薄土。

识别要点：叶四散倾立或扭曲，边缘有粗锐齿；中肋上部背面有2列粗齿。

柔叶白锦藓 曲尾藓科 白锦藓属

Leucoloma molle

róuyèbáijǐnxiǎn

植物体较大，密集或稀疏丛生，苍白绿色或灰绿色①，高达6cm。茎倾立，多分枝，下部叶常脱落。叶干燥时紧贴茎上，湿时伸展，从鞘状的基部向上呈细长毛尖（线条图）；叶边明显分化，中部边缘有15～20列厚壁线形细胞，基部约25列；中肋单一，强劲，突出呈毛状尖；中上部叶细胞方形或圆角方形，具细疣，下部细胞方形或长方形，平滑，角细胞近方形。

产于广东、广西、海南、台湾。生于林下树干或石壁。

识别要点：植物体灰绿色；茎下部叶常脱落；叶干时不卷曲；叶边缘强烈分化。

卷叶曲背藓 曲尾藓科 曲背藓属

Oncophorus crispifolius

juǎnyèqūbèixiǎn

植物体小至中等大，密集簇状丛生，黄绿色，略具光泽①，高不超过1cm。茎直立或倾立，不分枝。叶干时卷缩，湿时多少舒展，基部鞘状，向上呈卵状披针形（线条图），边全缘，或上部有细齿；中肋单一，长达叶尖或稍突出；叶上部细胞小，方形，厚壁，有时双层细胞，基部细胞长方形。蒴柄直立，伸长；孢蒴近椭圆形，不对称，基部有骈突。

产于安徽、福建、西藏。生于林下岩面。

识别要点：叶干时强烈卷缩，湿时多少舒展，基部鞘状。

曲背藓　曲尾藓科　曲背藓属

Oncophorus wahlenbergii

qūbèixiǎn

植物体小至中等大，密集丛生，绿色或黄绿色①，高2~4cm。茎基生分枝。叶基部阔鞘状，向上很快变狭呈细长毛尖，干燥和湿时均卷缩，鞘部以上强烈背仰（线条图），叶边平直，仅尖部有细齿；中肋单一，细弱，终止于叶尖或短突出；鞘部细胞长方形，壁薄，上部细胞小，近方形，壁厚。蒴柄直立或倾斜①；孢蒴长椭圆形，拱背状，基部有骸突①。

产于河北、黑龙江、吉林、辽宁、内蒙古、陕西、四川、台湾、西藏、云南。生于林下腐殖质或岩面薄土。

识别要点：叶干时和湿时均强烈卷曲，鞘部以上强烈背仰。

圆网花叶藓　花叶藓科　花叶藓属

Calymperes erosum

yuánwǎnghuāyèxiǎn

植物体小到中等大，稀疏或密集丛生，深绿色①，高约1cm。茎直立，单一或偶分枝。叶干时卷曲，湿时舒展，鞘部明显，上部长舌形（线条图）；中肋单一，粗壮，常短突出叶尖，突出部分四周着生多数纺锤形芽胞①；绿色细胞圆角方形，有多数小疣，中肋基部每侧具8~12行网状细胞，近方形或长方形，呈圆拱形插入绿色细胞中，近绿色细胞的部分网状细胞腹面常具乳头突。

产于广东、广西、海南和香港。生于林下树干或石壁。

识别要点：近绿色细胞的部分网状细胞腹面具乳头突；芽胞生于突出中肋的四周。

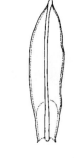

疏齿赤藓　　丛藓科 赤藓属

Syntrichia norvegica

shūchǐchìxiǎn

　　植物体中等大，密集或稀疏丛生，绿色至黄绿色①，高1～2cm。茎直立，单一或具少数不规则分枝，基部假根密集。叶长圆舌形（线条图），弓形弯曲，叶边全缘；中肋单一，突出叶尖呈芒状，平滑；叶细胞呈多角状圆形，壁薄，密被马蹄形及圆形细疣，基部细胞长方形，平滑、透明。

　　产于内蒙古、新疆。生于高山林地或灌丛下。

　　识别要点：叶弓形弯曲；中肋突出叶尖呈芒状，平滑。

大帽藓　　大帽藓科 大帽藓属

Encalypta ciliata

dàmàoxiǎn

　　植物体中等大，密集丛生，绿色或黄绿色①，高0.5～3cm。茎单一或分枝。叶干燥时强烈卷缩或旋扭，潮湿时伸展，长卵圆形至舌形，渐成短尖（线条图），叶边中下部背卷，略呈波状；中肋单一，粗壮，及顶或短突出；叶上部细胞圆角方形，具细密疣，不透明，中肋基部两侧细胞长方形。蒴柄直立①；孢蒴直立，长圆柱形①；蒴帽大，钟状，覆盖整个孢蒴，喙部细长，为全长的1/2～2/3①。

　　我国北方多省区广布。生于高山石灰岩石壁或岩面薄土。

　　识别要点：蒴帽大，钟状，覆盖整个孢蒴。

南亚小壶藓　　壶藓科　壶藓属

Tayloria indica

nányàxiǎohúxiǎn

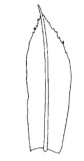

植物体中等大，密集丛生，黄绿色①，高达2cm。茎直立，稀分枝。叶密集，多少呈莲座状排列①，茎下部叶小，上部叶大，长椭圆形（线条图），尖端具短锐尖，叶边平直，具1～2细胞构成的齿；中肋单一，粗大，突出叶尖呈小锐尖头；叶上部细胞五至六边形，下部细胞长方形，壁均薄。蒴柄直立，长约1cm①；孢蒴直立，近圆柱形①；蒴帽有毛①。

产于广西、四川、西藏、云南。生于山区腐木或动物粪便上。

识别要点：叶多少呈莲座状排列；蒴帽有毛。

狭叶并齿藓　　壶藓科　并齿藓属

Tetraplodon angustatus

xiáyèbìngchǐxiǎn

植物体小至中等大，密集丛生，黄绿色①，高2～5cm。叶长卵圆形或长卵状披针形（线条图），渐尖呈长毛尖，叶缘上部具长齿或不整齐的锯齿；中肋单一，长达叶尖并突出；叶上部细胞长方形。蒴柄短，粗壮，长2～5mm①；孢蒴略高出苞叶，台部长，约为壶部的2倍，壶部卵形或短圆柱形，浅褐色，开裂后呈红褐色①。

产于黑龙江、内蒙古、新疆、云南。生于高山地区富含氮的土壤或鸟兽粪便上。

识别要点：叶具长毛状尖，边缘有多数齿；蒴柄短。

藓类

并齿藓　　壶藓科　并齿藓属

Tetraplodon mnioides

bìngchǐxiǎn

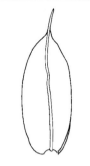

植物体小，垫状密集丛生，白绿色或黄绿色①。叶疏松着生，干燥时略褶皱，湿时伸展，长卵形（线条图），向上急尖，叶缘平直，全缘；中肋单一，突出叶尖呈毛状尖；叶上部细胞长方形，基部细胞狭长方形，边缘细胞略外凸，黄色。蒴柄粗壮，长约1.5cm①；孢蒴直立，咖啡色，壶部圆柱形，台部长卵形，与壶部大小近似或略粗。

产于甘肃、内蒙古、陕西、新疆、西藏、云南。生于高寒地区富含氮的土壤或鸟兽粪便上。

识别要点：叶边缘平展，全缘，中肋长突出叶尖呈芒状；蒴柄长，孢蒴咖啡色。

纤枝短月藓　　真藓科　短月藓属

Brachymenium exile

xiānzhīduǎnyuèxiǎn

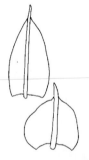

植物体小，密集或稀疏丛生，黄绿色或淡褐绿色①。茎基部簇生分枝，新生枝直立。叶干时或湿时均呈覆瓦状排列，卵圆状披针形（线条图），稍呈龙骨状，边不分化，全缘；中肋单一，突出呈芒状；叶中部细胞菱形或长六角形，上部边缘细胞近长方形，叶基部细胞方形或长方形。无性繁殖体为球芽，圆球形，生于叶腋。

产于安徽、福建、广东、广西、贵州、海南、湖北、江苏、山东、陕西、四川、台湾和云南。生于沟边土壁或岩面薄土。

识别要点：植物体小；叶覆瓦状排列；中肋突出呈芒状尖。

短月藓　真藓科 短月藓属

Brachymenium nepalense

duǎnyuèxiǎn

植物体中等大，黄绿色至深绿色，无或略具光泽①，高约2cm。茎直立，新生枝多数。叶聚生于茎顶端呈莲座状，长圆状舌形或长圆状匙形（线条图），上部边缘分化，由1～3列狭长细胞组成，具齿，中下部边缘背卷，全缘；中肋单一，突出呈长芒状；叶中部细胞菱形，基部细胞长方形。蒴柄直立或略弯曲，橘红色，长3～8mm①；孢蒴直立，梨形或近棒状①。

产于甘肃、广西、黑龙江、内蒙古、陕西、山东、四川、台湾、西藏和云南。生于树干。

识别要点：叶呈莲座状聚生于茎顶端；中肋粗壮，贯顶呈长芒状；孢蒴直立，梨形或近棒状。

比拉真藓　真藓科 真藓属

Bryum billardieri

bǐlāzhēnxiǎn

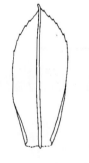

植物体大，密集丛生，绿色至黄绿色，有光泽①，高1～3cm。叶多密集呈莲座状聚生于茎顶端，阔椭圆形至倒卵圆形，急尖至短的渐尖（线条图），边缘明显分化，由2～4列线形细胞组成，叶边从基部以上2/3常外卷，全缘，上部1/3平展，具钝齿（线条图）；中肋单一，突出叶尖呈短芒状；叶细胞长六边形，壁薄。

产于安徽、重庆、福建、广西、贵州、湖南、江苏、江西、陕西、四川、台湾、西藏、云南和浙江。生于林下岩面及腐殖质。

识别要点：叶呈莲座状聚生于茎顶端；叶缘分化，尖部1/3边缘具钝齿。

藓类

蕊形真藓　真藓科　真藓属

Bryum coronatum

ruǐxíngzhēnxiǎn

　　植物体小，密集或稀疏丛生，黄绿色①，高约5mm。茎直立，稀疏分枝。叶密集，披针形至卵状披针形（线条图），边全缘，由上至下背卷；中肋单一，突出呈长芒状尖；叶中部细胞菱形至长六角形，边缘细胞不明显分化，狭长方形，基部细胞长方形，壁薄。蒴柄纤细①；孢蒴长椭圆形，下垂，红褐色；蒴台膨大，明显粗于壶部。

　　产于江苏、陕西、台湾、西藏和云南。生于光照充足的沙土或岩面薄土。

　　识别要点：中肋突出呈长芒状尖；蒴台膨大，明显粗于壶部。

钝叶平蒴藓　真藓科　平蒴藓属

Plagiobryum giraldii

dùnyèpíngshuòxiǎn

　　植物体小，密集生长，浅绿色或灰白色①，高不及1cm。茎单一或偶分枝。叶多少覆瓦状排列，近三角形或阔披针形（线条图左），内凹，顶部急尖，基部两侧明显下延，叶边不明显分化，全缘；中肋单一，略突出呈尖；叶中部细胞狭菱形，上部细胞较宽，基部细胞长方形。雌苞叶披针形（线条图右），多少具分化边；中肋短突出呈尖。蒴柄长约5mm；孢蒴棒槌形，平列，与蒴柄约呈直角①。

　　产于陕西、四川、云南。生于高山林下腐木。

　　识别要点：叶覆瓦状排列；叶和雌苞叶异型；孢蒴大，棒槌形，平列，与蒴柄约呈直角。

亮叶珠藓　珠藓科 珠藓属

Bartramia halleriana

liàngyèzhūxiǎn

　　植物体中等大，密集丛生，黄绿色①，高2～7cm。茎单一或分枝，密被棕色假根。叶干时尖端及叶鞘多扭曲，湿时多背仰，基部呈半鞘状，上部狭线形（线条图），尖端锐尖，边具粗齿；中肋单一，突出呈芒刺状，上部背面具齿状刺；叶上部细胞方形，具疣，下部细胞长方形，平滑。蒴柄短，不伸出雌苞叶，长约3mm①；孢蒴球形，成熟时表面具纵褶。

　　产于安徽、重庆、福建、贵州、河北、黑龙江、湖北、江西、吉林、辽宁、内蒙古、陕西、四川、台湾、新疆、西藏、云南。生于潮湿的土坡或岩石。

　　识别要点：蒴柄短，孢蒴隐生于雌苞叶内；孢蒴球形，成熟时表面具纵褶。

仰叶热泽藓　珠藓科 热泽藓属

Breutelia dicranacea

yǎngyèrèzéxiǎn

　　植物体大，疏松丛生，黄绿色，有绢丝光泽①，高约6cm。茎近于直立，有分枝。叶狭三角形至窄披针形，背仰（线条图），基部呈鞘状，尖端狭长，中上部渐尖，叶上部边缘具齿，基部全缘；中肋单一，短突出尖；叶细胞狭长形、长方形、线形或长菱形，壁厚，疣多位于细胞的上端。

　　产于广西、贵州。生于高山灌丛。

　　识别要点：叶明显背仰，基部呈鞘状，尖端狭长，叶上部边缘具齿。

细叶泽藓　珠藓科　泽藓属

Philonotis thwaitesii

xìyèzéxiǎn

植物体较小，密集丛生，黄绿色，有光泽①，高约1～2cm。茎基部具分枝。叶密集，干时紧贴，湿时舒展，披针形或三角状披针形（线条图），最宽处在叶基之上，基部阔而平截，往上渐尖，叶边内卷，有齿；中肋单一，粗壮，突出成短芒状尖；叶上部细胞长方形，中部细胞方形，前角突位于细胞腹面上端，背面平滑。蒴柄长1～2cm；孢蒴近圆球形②。

产于安徽、重庆、福建、广东、广西、贵州、海南、河南、湖北、湖南、江苏、江西、辽宁、陕西、山西、四川、台湾、西藏、云南和浙江。生于潮湿的岩石或土坡。

识别要点：叶披针形或三角状披针形，最宽处在叶基之上。

东亚短颈藓　短颈藓科　短颈藓属

Diphyscium fulvifolium

dōngyàduǎnjǐngxiǎn

植物体矮小，稀疏或密集生长，深绿色①，高不及1cm。茎短，少分枝。叶密集，干时卷曲，湿时舒展，长舌形（线条图左），具短突尖，叶边近于全缘①；中肋单一，强劲，长达叶尖或突出；叶中上部细胞卵圆形或不规则形，多为2层，背腹面均具粗疣和疣疣，基部细胞渐长，长方形。雌苞叶较营养叶大，倒卵状披针形，尖端具多数纤毛，中肋突出呈芒状尖（线条图右）。蒴柄极短；孢蒴斜卵形，不对称，隐没于雌苞叶中①。

产于安徽、重庆、福建、广东、广西、贵州、湖北、湖南、江苏、江西、台湾、云南和浙江。生于林下岩面。

识别要点：植物体小；叶上部边近于全缘；孢蒴斜卵形，隐没于雌苞叶中。

藓类

齿边短颈藓　短颈藓科 短颈藓属
Diphyscium longifolium
chǐbiānduǎnjǐngxiǎn

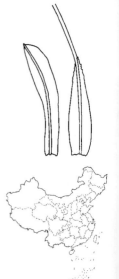

植物体小，密集丛生，绿色至黄绿色①，高约4mm。茎短，几不分枝。叶密集，长卵状披针形、长舌形或长剑形（线条图左），有时基部略宽，具短尖或披针形尖，上部边缘具多细胞的粗齿；中肋单一，宽阔，粗壮，突出叶尖呈芒状尖；叶上部细胞卵方形或近六边形，多为2层。雌苞叶较营养叶大，长卵状披针形（线条图右），尖端具细裂片；中肋突出呈长芒状。蒴柄极短①；孢蒴斜卵形，不对称，隐没于雌苞叶中①。

产于贵州、海南、台湾和云南。生于林下岩面。

识别要点：植物体小；叶上部边缘具粗齿；孢蒴斜卵形，隐没于雌苞叶中。

虎尾藓　虎尾藓科 虎尾藓属
Hedwigia ciliata
hǔwěixiǎn

植物体粗壮，硬挺，灰绿色至黑褐色①。主茎匍匐，支茎直立，不规则分枝。叶干时覆瓦状紧贴，湿时倾立，卵状披针形，略内凹（线条图），上部具长或短的透明尖部①，边常具齿，中下部全缘；中肋缺失；叶上部细胞近方形至卵圆形，具1~2个粗疣或叉状疣，基部细胞方形或不规则长方形，多疣，向基部渐平滑，角细胞偶分化。蒴柄短；孢蒴碗形，隐没于苞叶中；蒴帽小，兜形。

产于我国多个省区。生于干热河谷、高山或北方地区的岩面。

识别要点：植物体粗壮，硬挺；叶卵状披针形，尖多透明，上部边缘具齿。

缺齿蓑藓　木灵藓科 蓑藓属

Macromitrium gymnostomum

quēchǐ suōxiǎn

植物体中等大，密集丛生，黄绿色①。主茎匍匐，分枝直立，单一或偶有几个短的小分枝。枝叶干燥时卷曲，湿时伸展，线状披针形或卵状披针形（线条图），龙骨状，渐尖或锐尖；中肋单一，长达叶尖部；叶中上部细胞不透明，近圆形，壁厚，具3～4个疣，基部细胞线形，壁不均匀加厚，平滑。蒴柄长5～8mm，棕色①；孢蒴椭圆状圆柱形①；蒴齿缺①；蒴帽兜形①。

产于安徽、福建、广东、广西、贵州、海南、河南、湖南、江苏、江西、四川、云南、浙江。生于林下树干或岩面。

识别要点：植物体主茎匍匐，支茎密集，短小、直立；蒴齿缺；蒴帽兜形。

钝叶蓑藓　木灵藓科 蓑藓属

Macromitrium japonicum

dùnyè suōxiǎn

植物体中等大，紧密垫状着生，黄绿色①。主茎匍匐，分枝直立，高达1cm。枝叶干燥时内曲或卷缩，湿时伸展，但尖部仍内曲，多为舌形（线条图），明显的龙骨状，基部透明，多少具纵褶，尖部锐尖、渐尖或钝尖，多内卷；中肋单一，长达叶尖部；叶中部细胞圆六边形，不透明，壁薄，具多疣，基部细胞长方形，壁厚，平滑。蒴柄直立，长约2～4mm①；孢蒴卵形或卵状椭圆形①；蒴帽兜形，基部多少分裂，外被淡黄色的毛①。

产于重庆、福建、广东、广西、海南、河北、河南、湖北、湖南、陕西、山东、四川、台湾、云南、浙江。生于林下树干或石壁。

识别要点：枝叶干时或湿时尖端均多少内曲。

蔓枝藓　蔓枝藓科　蔓枝藓属

Bryowijkia ambigua

mànzhīxiǎn

植物体较大，硬挺，黄绿色①。主茎匍匐①，规则二至三回羽状分枝，圆条形。茎叶卵状披针形（线条图），内凹，基部稍下延，具长尖或短尖，部分叶尖向一侧强烈弯曲；中肋单一，达叶中部以上；中上部叶细胞长卵形或线形，具1纵列粗疣；角细胞近方形。枝叶长卵形，急尖，内凹，常具纵褶。蒴柄短；孢蒴球形。

产于四川、西藏和云南。生于林下岩石或树干。

识别要点：植物体规则二至三回羽状分枝，圆条形；茎叶卵状披针形，内凹，基部稍下延。

毛枝藓　隐蒴藓科　毛枝藓属

Pilotrichopsis dentata

máozhīxiǎn

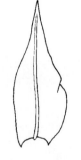

植物体大，纤细或相当硬挺，疏松丛生，黄棕色①，长达10cm。主茎匍匐，支茎垂倾，不规则稀疏分枝。叶干时紧贴，湿时倾立，基部卵形，略下延，上部呈阔披针形，渐尖（线条图），叶基部边缘背卷，尖部平展，具粗齿；中肋单一，长达叶尖消失；叶中部细胞长菱形或椭圆形，平滑，壁厚，基部近中肋细胞狭长。蒴柄短；孢蒴长卵形，完全隐没在雌苞叶中。

产于安徽、福建、广东、广西、贵州、海南、江西、台湾、西藏、浙江。生于林下树干或石壁。

识别要点：植物体纤长、硬挺；叶尖部边缘具粗齿。

台湾藓 毛藓科 台湾藓属

Taiwanobryum speciosum

táiwānxiǎn

植物体中等大到大，稀疏丛生，黄绿色，略有光泽①。主茎细长，匍匐，单一或有少数分枝；支茎稀疏，直立或悬垂。叶干时紧贴，湿时倾立，长卵状披针形（线条图），基部略下延，稍内凹，上部狭披针形，具纵纹，有长尖，叶下部全缘，略内卷，上部有粗齿；中肋单一，细长，不及叶尖消失；叶细胞长六边形或狭长方形，向基部细胞渐长变阔，边缘及角细胞狭小，平滑，透明，壁孔明显。

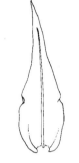

产于福建、贵州、海南、湖南和台湾。生于林下树干或岩石。

识别要点：叶上部边缘具粗齿；叶细胞壁孔明显。

扭叶藓 扭叶藓科 扭叶藓属

Trachypus bicolor

niǔyèxiǎn

植物体中等大，密集交织生长，黄绿色，略有光泽①。主茎匍匐，支茎匍匐或垂倾，密羽状分枝。叶卵形或阔卵形（线条图），渐上成短或长的披针形尖，偶具透明毛尖，叶边全缘或具细齿；中肋单一，长达叶中部以上；叶细胞狭六角形至长菱形，具成行的细疣，角部细胞方形。

产于安徽、重庆、福建、广西、贵州、湖北、湖南、四川、台湾、西藏、云南和浙江。生于林下树干或岩面。

识别要点：叶卵形或阔卵形，渐上成短或长的披针形尖；叶细胞壁具成行的细疣。

拟扭叶藓卷叶变种 扭叶藓科 拟扭叶藓属

Trachypodopsis serrulata var. *crispatula*

nǐniǔyèxiǎnjuǎnyèbiànzhǒng

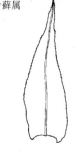

植物体粗壮，疏松或密集成片丛生，黄绿色，略具光泽①。主茎匍匐，支茎不规则羽状分枝。叶干时贴茎，湿时伸展，卵状披针形或阔卵状披针形（线条图），多具明显纵褶，基部有小叶耳，尖端长渐尖，多少扭曲，叶边具细齿或粗齿；中肋单一，长达叶尖部；叶细胞狭六边形或线形，具单疣。

产于重庆、广东、贵州、河南、湖北、四川、台湾、西藏和云南。生于林下树干或岩面。

识别要点：叶尖常扭曲；叶基两侧有叶耳。

次尖耳平藓 蕨藓科 耳平藓属

Calyptothecium wightii

cìjiān'ěrpíngxiǎn

植物体粗壮，大片悬垂着生，黄绿色①，长5～15cm。主茎匍匐，呈鞭状，支茎一至二回近羽状分枝。茎叶宽卵形，渐尖，基部具心形叶耳，内凹（线条图），有纵褶，顶部有小尖但不形成毛状尖，叶尖部边缘具细齿，基部具小齿；中肋单一，细弱，达叶长的一半以上；叶中部细胞菱形或狭菱形，壁厚，具明显的壁孔。

产于西藏、云南。生于林下树干或石壁。

识别要点：植物体粗壮，悬垂；叶基部具心形叶耳。

湿隐蒴藓　　蕨藓科 湿隐蒴藓属

Hydrocryphaea wardii

shīyǐnshuòxiǎn

植物体较粗壮，密集丛集生长，圆条形，绿色或深绿色①。主茎短，匍匐，支茎直立或倾立，不规则分枝，有时具长鞭状枝。茎叶和枝叶近似，干燥时卷曲，湿时伸展，椭圆状舌形至卵状舌形（线条图），叶基下延呈耳状，叶尖急尖或圆钝，叶上部边缘具齿，下部全缘内卷；中肋单一，在叶尖前消失；叶细胞小，不规则圆角方形。

产于贵州、云南。生于沟边石壁，常季节性被淹没。

识别要点：植物体较粗壮，硬挺，圆条形，绿色或深绿色；叶椭圆状舌形，急尖或圆钝。

南亚拟蕨藓　　蕨藓科 拟蕨藓属

Pterobryopsis orientalis

nányànǐjuéxiǎn

植物体大，稀疏或密集生长，多少树形，黄绿色至橙黄色①。主茎匍匐，支茎羽状分枝或树形分枝①。叶密生，宽椭圆形（线条图），内凹，多少具纵褶，尖部锐尖或短渐尖，边缘平展，上部具弱齿；中肋单一，达叶长的1/2以上；叶细胞长线形，壁厚，多具壁孔，角部细胞为深红棕色的长方形细胞。

产于甘肃、陕西、四川、云南。生于林下树干或湿石。

识别要点：植物体扁平树形；叶宽椭圆形，上部边缘具细齿。

南亚粗柄藓　蕨藓科 粗柄藓属
Trachyloma indica
nányàcūbǐngxiǎn

　　植物体粗壮，硬挺，扁平树形，黄绿色，具光泽①，长达10cm。主茎匍匐，支茎直立，羽状分枝①。叶卵形（线条图），锐尖或短渐尖，叶边平展，上部具齿；中肋单一，有时极短或分叉或缺；叶细胞长菱形，平滑，壁厚。小枝尖端有时聚生无性芽胞，纺锤形，黑色②。

　　产于广东、海南、台湾。生于林下树干或树枝。

　　识别要点：植物体近树形；小枝尖端有时聚生黑色纺锤形无性芽胞。

川滇蔓藓　蔓藓科 蔓藓属
Meteorium buchananii
chuāndiānmànxiǎn

　　植物体纤细，稀疏交织生长，圆条形，黄绿色①。主茎紧贴基质，支茎稀疏不规则分枝，尖端垂倾①。叶密集覆瓦状排列，阔椭圆形、兜形（线条图），基部宽阔，两侧具叶耳，尖端圆钝，尖部具短锐尖，叶边全缘，或上部具细齿或锯齿，中肋单一，细弱，长达叶中部；叶上部细胞长卵形，中部细胞狭长菱形，具单疣，壁强烈不规则加厚。

　　产于广东、湖北、江苏、陕西、四川、台湾、西藏、云南和浙江。生于林下树干或岩石。

　　识别要点：植物体圆条形；叶密集覆瓦状排列。

兜叶蔓藓　蔓藓科 蔓藓属
Meteorium cucullatum
dōuyèmànxiǎn

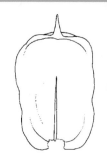

　　植物体中等大到大，稀疏交织成片，悬垂，圆条形，浅黄色①。茎匍匐，单一分枝，枝长约2cm。茎叶阔椭圆形或长椭圆形（线条图），强烈内凹呈瓢状，具纵褶，尖端突变窄为披针形的细长尖，尖部背仰，有时扭曲，不及叶长的1/4，叶缘有细锯齿，或近于全缘；中肋单一，达叶中上部；叶中上部细胞不规则菱形或长菱形，具单疣。枝叶与茎叶相似，但较小。

　　产于台湾、西藏和云南。生于林下树干或岩石。

　　识别要点：叶强烈内凹，呈瓢状；叶尖头长度不及叶长的1/4。

粗枝蔓藓　蔓藓科 蔓藓属
Meteorium subpolytrichum
cūzhīmànxiǎn

　　植物体粗壮，疏松交织悬垂生长，圆条形，上部绿色，基部深褐色①，长达20cm。茎匍匐，密集不规则分枝或羽状分枝①。叶覆瓦状排列，椭圆形或卵圆形（线条图），内凹且具纵褶，基部宽阔，多少具叶耳，尖端圆钝，突然收缩成毛状尖②，长约为叶长的1/3，边全缘或具细齿；中肋单一，达叶中部以上；叶中部细胞长菱形至线形，壁厚，具单疣，粗大。

　　产于广东、广西、湖北、四川、台湾、西藏、云南和浙江。生于林边树干或石壁。

　　识别要点：植物体较粗大，茎长可达20cm；叶尖头长度为叶长的1/3。

反叶粗蔓藓　　蔓藓科　粗蔓藓属

Meteoriopsis reclinata

fǎnyècūmànxiǎn

植物体中等大，密集交织生长，多少悬垂，略呈圆条形，黄绿色或黄褐色①。主茎匍匐，支茎不规则分支。茎叶阔椭圆形，基部抱茎，尖端背仰，具长渐尖（线条图），叶缘有锯齿；中肋单一，细弱，不及叶中部消失；叶中部细胞狭长菱形，多具单一的小圆疣，基部细胞较长，壁厚，具壁孔。

产于重庆、福建、广东、湖北、四川、台湾、西藏、云南和浙江。生于林下树干或石壁。

识别要点：叶强烈背仰，具细长毛状尖。

粗蔓藓　　蔓藓科　粗蔓藓属

Meteoriopsis squarrosa

cūmànxiǎn

植物体中等大，密集交织生长，圆条形，绿色或深绿色①。主茎匍匐，支茎下垂，不规则羽状分枝。叶密集，阔卵状披针形（线条图），基部呈心形，抱茎，尖端突变狭，多具短尖，偶稍细长，强烈背仰，叶缘波曲，有锯齿；中肋单一，长达叶中部以上；叶中部细胞狭长菱形，具2～5个细疣，壁薄，叶基部细胞不规则长方形，壁略厚。

产于台湾、云南。生于树干或石灰岩石壁。

识别要点：叶强烈背仰，具短尖。

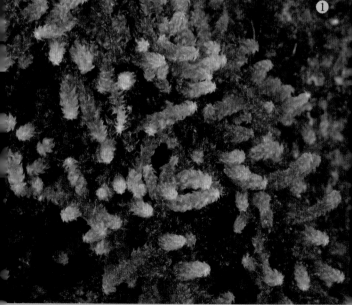

扭叶灰气藓
蔓藓科 灰气藓属

Aerobryopsis parisii

niǔyèhuīqìxiǎn

植物体大，柔软，多少悬垂，黄绿色，略具光泽①。主茎多横展，具不规则羽状分枝①。茎叶疏松贴生，多少扁平，卵状椭圆形（线条图），内凹，尖端渐尖，具波状、皱曲的毛尖，叶上部边近全缘，下部具细齿；中肋单一，纤细，达叶中上部；叶上部细胞长菱形，平滑或具单疣，叶基细胞长方形。枝叶与茎叶相似。蒴柄纤细①；孢蒴椭圆形①。

产于福建、海南、台湾和浙江。生于林下树干、树枝或石壁。

识别要点：植物体多少悬垂；叶具波状、皱曲的毛尖。

鞭枝新丝藓
蔓藓科 新丝藓属

Neodicladiella flagellifera

biānzhīxīnsīxiǎn

植物体细弱，暗绿色或黄绿色，长约10～30cm。茎匍匐，细长，尖端悬垂，分枝少，基部扁平被叶，尖端渐细，呈纤细的鞭状枝①。茎叶狭椭圆形或卵圆形，内凹，基部略阔，尖端渐成披针形尖或毛状尖（线条图），边具细齿；中肋单一，细弱，长达叶中部；叶细胞长菱形或线形，中央具单疣，角细胞疏松，方形。蒴柄短，长2～3mm；孢蒴长椭圆状圆柱形。

产于重庆、广东、广西、贵州、湖北、四川、台湾、西藏、云南和浙江。生于林下树干或树枝，偶生于石壁。

识别要点：植物体纤细，大片悬垂着生，具纤细的鞭状枝；叶较狭，呈线状披针形。

新丝藓　蔓藓科 新丝藓属
Neodicladiella pendula
xīnsīxiǎn

植物体纤细，悬垂呈丝状，黄绿色，略具光泽①，长达30cm。主茎细长，支茎悬垂，稀疏不规则分枝①。叶卵状披针形或长披针形（线条图），尖端狭长渐尖，叶基稍内凹抱茎，叶边全缘或上部有锯齿；中肋单一，细弱，长达叶中上部；叶中上部细胞狭长菱形或线形，具2～3个细疣，壁薄，角细胞明显分化，方形。

产于安徽、重庆、广西、湖北、四川、台湾、西藏、云南和浙江。生于树干、树枝及石壁。

识别要点：植物体纤细，悬垂呈丝状；叶细胞具2～3个细疣。

短尖假悬藓　蔓藓科 假悬藓属
Pseudobarbella attenuata
duǎnjiānjiǎxuánxiǎn

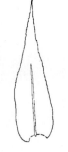

植物体中等大到大，稀疏悬垂生长，扁平，尖部浅绿色，基部深褐色，略具光泽①，长5cm以上。主茎匍匐，羽状分枝。叶狭卵圆形（线条图），尖端锐尖或急缩呈毛状尖，基部狭缩，一侧常内折，叶边中上部呈波状，具细齿；中肋单一，细弱，长近叶尖部；叶细胞线形，具单疣。

产于重庆、海南、四川、台湾、西藏和云南。生于林下树干或石壁。

识别要点：植物体悬垂生长，扁平；叶锐尖或具毛状尖，中上部边缘具细齿。

藓类

假悬藓 蔓藓科 假悬藓属
Pseudobarbella levieri
jiǎxuánxiǎn

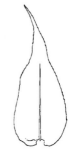

植物体中等大，密集交织生长，扁平，黄绿色，略具光泽①，长达10cm。主茎匍匐，支茎羽状分枝，分枝短，枝端渐细。叶基部卵状心脏形，渐上呈狭披针形（线条图），略内凹，具不规则纵褶，尖端渐尖，叶边有粗齿；中肋单一，细弱，长达叶中部；叶中部细胞狭菱形至线形，具单疣。

产于安徽、重庆、福建、广东、广西、贵州、海南、四川、台湾、西藏、云南和浙江。生于林下树干或叶面。

识别要点：叶基部卵状心脏形，渐上呈狭披针形；叶缘具粗齿。

兜叶藓 带藓科 兜叶藓属
Horikawaea nitida
dōuyèxiǎn

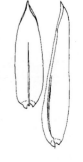

植物体中等大至大，稀疏丛生，扁平，绿色至浅黄绿色，具光泽①。主茎匍匐，支茎直立或垂倾，单一或稀疏不规则分枝①，有时具鞭状枝。叶2列，长卵圆形或长舌形（线条图），强烈对折或内凹，对称或不对称，具兜状短尖，叶边全缘或具细齿；中肋单一，较长，偶有分叉；叶细胞一般长蠕虫形，壁薄，平滑；角细胞明显分化（线条图），多为方形或不规则长方形，有明显壁孔，橙黄色。

产于广东、广西、海南、台湾和西藏。生于树干或石灰岩石壁。

识别要点：叶外观呈2列着生；叶角细胞分化十分明显。

小树平藓 平藓科 树平藓属

Homaliodendron exiguum

xiǎoshùpíngxiǎn

植物体小，疏松成片生长，扁平，黄绿色或灰绿色，具绢丝光泽①，高1～3cm。主茎匍匐，纤细，支茎直立、倾立或悬垂①。茎叶舌形至卵状舌形（线条图），两侧不对称，尖圆钝，叶基部边缘一侧内折，上部具不规则细齿；中肋单一，纤细，达叶上部2/3处；叶尖部细胞近方形，壁厚，中部细胞六角形至菱形。

产于福建、广东、广西、贵州、海南、湖南、江苏、江西、台湾、云南。生于林下树干或石灰岩石壁。

识别要点：植物体小，树形；叶舌形至卵状舌形，尖圆钝。

钝叶树平藓 平藓科 树平藓属

Homaliodendron microdendron

dùnyèshùpíngxiǎn

植物体大，密集或稀疏片状丛生，呈扁平扁形，绿色或灰绿色，具强光泽①，高达10cm。主茎匍匐，支茎二至三回羽状分枝。茎叶扁平排列，阔舌形（线条图），多向一侧偏曲，尖端宽阔、圆钝，有时具小尖，尖部边缘具不规则细齿，余全缘；中肋单一，纤细，消失于叶上部2/3处；叶尖部细胞方形或多角形，中部细胞长六角形或长菱形。

产于广东、贵州、海南、台湾、西藏、云南。生于林下石灰岩石壁或树干。

识别要点：植物体大，扁平，树形；叶阔舌形，尖端圆钝。

西南树平藓　平藓科 树平藓属

Homaliodendron montagneanum

xīnánshùpíngxiǎn

植物体较大，密集成片生长，多少呈扁平树形，黄绿色，具绢丝光泽①。主茎匍匐，支茎一至三回羽状分枝。茎叶卵状舌形（线条图），两侧不对称，基部略下延，尖部圆钝，边缘具多数锐齿；中肋单一，长达叶的2/3处。枝叶与茎叶相似，但叶尖较长；中肋消失于叶中部；叶上部细胞六角形，壁厚，中部细胞长菱形，具壁孔。蒴柄短，长约2mm①；孢蒴卵状椭圆形①。

产于广东、广西、湖北、湖南、四川、台湾、西藏和云南。生于林下树干或树枝。

识别要点：植物体大，扁平，树形；叶尖部圆钝，具多数锐齿。

疣叶树平藓　平藓科 树平藓属

Homaliodendron papillosum

yóuyèshùpíngxiǎn

植物体大，密集成片生长，扁平树形，绿色或灰绿色，光泽弱①，高达7cm。主茎匍匐，支茎倾垂或直立，一至三回羽状分枝。茎叶阔菱形至长舌形（线条图左），不对称，基部趋窄，尖部通常较钝，边缘具粗齿；中肋单一，达叶2/3以上或近叶尖消失。枝叶短小（线条图右）；叶上部细胞不规则菱形或六角形，常具单个圆疣，中部细胞略长大，壁厚，基部细胞近长方形或长椭圆形，壁波状加厚。

产于安徽、福建、广东、广西、贵州、湖北、湖南、江西、台湾、西藏、云南。生于林下石灰岩石壁。

识别要点：植物体大，扁平，树形；叶细胞多具单个粗圆疣。

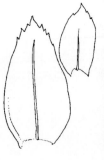

藓类

八列平藓 平藓科 平藓属

Neckera konoi

bālièpíngxiǎn

植物体大，疏松大片着生，扁平，绿色，稍具光泽①，长达10cm。主茎匍匐，支茎直立，不规则羽状分枝，分枝多单一，尖部常呈鞭枝状。叶椭圆状舌形（线条图），内凹，两侧不对称，基部趋窄，一侧内折，尖部急尖或渐尖，上部波状，边缘上部有锯齿，基部全缘；中肋单一，细弱，长达叶中部；叶上部细胞长菱形，壁厚，中部细胞线形，壁厚而波曲。蒴柄纤细，长约6mm；孢蒴卵状椭圆形。

产于安徽、四川。生于林下树干或岩石。

识别要点：植物体扁平；叶中上部具波纹；中肋长达叶中部。

短齿平藓 平藓科 平藓属

Neckera yezonna

duǎnchǐpíngxiǎn

植物体中等大，疏松或密集大片着生，扁平，绿色或黄绿色，略具光泽①，长达5cm。主茎匍匐，支茎倾立，不规则羽状分枝。叶卵状阔披针形（线条图），两侧近于对称，具短尖，略内凹，上部具少数波纹，叶上部边缘具细齿，基部全缘；中肋单一，细弱，长达叶中部以上，或略短而分叉；叶上部细胞长菱形或卵形，中部细胞狭菱形，壁厚且具壁孔。内雌苞叶狭卵状披针形。

产于华东及西南山区。生于林下树干。

识别要点：植物体倾立，扁平；中肋长达叶中部以上；内雌苞叶狭卵状披针形。

钝叶拟平藓
平藓科 拟平藓属

Neckeropsis obtusata

dùnyènǐpíngxiǎn

植物体中等大，稀疏或密集着生，扁平，绿色，多少具光泽①，长达10cm。主茎匍匐，支茎直立或垂倾，单一或稀疏不规则近羽状分枝。叶阔长舌形（线条图），不对称，上下近等宽，具多数强横波纹，叶尖圆钝，叶缘上部有细锯齿，下部全缘；中肋单一，长达叶中部；叶尖部细胞方形或菱形，中部细胞椭圆形至长六角形，壁厚，基部细胞近矩形。蒴柄短；孢蒴卵状椭圆形，几乎陷于雌苞叶之中。

产于重庆、甘肃、广东、广西、海南、湖北、台湾、云南。生于林下树干或岩石。

识别要点：叶阔长舌形，尖端圆钝，上部具多数强横波纹。

舌叶拟平藓
平藓科 拟平藓属

Neckeropsis semperiana

shéyènǐpíngxiǎn

植物体大，密集或稀疏悬垂生长，扁平，淡黄绿色，具光泽①，长达5～8cm。主茎匍匐，支茎多垂倾，疏羽状分枝。茎叶阔舌形（线条图），上下近等宽，平展，无波纹，基部狭窄，一侧常内折，尖部近于平截，具小尖头，上部边缘具细齿，余全缘；中肋单一，粗壮，长达叶尖消失；叶上部细胞不规则多边形至六角形，壁厚，叶基部中央细胞狭长菱形，壁厚。枝叶略小于茎叶。

产于广西、海南。生于林下石灰岩石壁、树干或树枝。

识别要点：植物体扁平；叶平展，无波纹。

锡金黄边藓　　木藓科 黄边藓属

Handeliobryum sikkimense

xījīnhuángbiānxiǎn

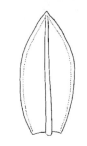

　　植物体粗壮，干时硬脆，湿时具弹性，暗绿色至褐色①。主茎匍匐，具棕色假根，支茎直立或倾立，稀疏不规则羽状分枝，多少呈树形①。枝叶近覆瓦状排列，卵形或卵状椭圆形（线条图），干时和湿时均伸展，钝尖，叶缘加厚，由多层细胞组成；中肋单一、粗壮、强劲，长达叶尖消失；叶细胞2层，中部细胞卵形或卵圆形，基部细胞线状椭圆形，壁强烈加厚。

　　产于云南。生于林下沟边石壁。

　　识别要点：植物体粗壮，暗绿色至褐色，多少呈树形；叶覆瓦状排列，叶中部2层细胞，边缘多层细胞。

异胞羽枝藓　　木藓科 羽枝藓属

Pinnatella alopecuroides

yìbāoyǔzhīxiǎn

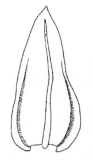

　　植物体中等大至大，硬挺，稀疏丛生，呈扁平树形，绿色至深绿色①，长达2cm。主茎匍匐，支茎垂倾、水平或倾立，规则或不规则羽状分枝①。叶基部阔卵形（线条图），向上渐窄呈三角形，叶边几全缘，尖部偶具疏齿，自尖部以下边缘具由数列狭长细胞组成的嵌条；中肋单一，粗壮，达叶尖消失；叶细胞圆六边形或圆角方形，平滑。

　　产于海南、云南。生于树干或石灰岩石壁。

　　识别要点：植物体树形；叶边缘具由数列狭长细胞构成的嵌条。

小羽枝藓　木藓科 羽枝藓属

Pinnatella ambigua

xiǎoyǔzhīxiǎn

植物体中等大，疏松交织生长，呈扁平树形，黄绿色①。主茎匍匐，纤细，支茎直立，密集二回羽状分枝。叶阔椭圆形（线条图），叶基下延，尖部锐尖，边具细齿；中肋单一，粗壮，长达叶尖部消失；叶上部细胞圆六边形，壁薄，平滑，近边缘细胞较小，基部细胞长方形。

产于广西、贵州、海南、台湾、云南。生于林下树干或石壁。

识别要点：植物体树形；叶边缘不具嵌条。

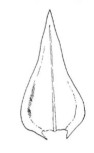

木藓　木藓科 木藓属

Thamnobryum subseriatum

mùxiǎn

植物体大，稀疏大片生长，多少呈树形，深绿色①。主茎匍匐，支茎直立或倾立，近羽状分枝①。茎上部叶卵圆形（线条图），内凹，锐尖，尖部边缘具少数粗齿；中肋单一，粗壮，近叶尖消失，背部常具少数粗齿；叶细胞菱形至六角形，壁厚。

产于西南、华南、华东山区。生于林下岩面或树干。

识别要点：植物体近树形；茎叶卵圆形，强烈内凹。

万年藓 万年藓科 万年藓属

Climacium dendroides

wànniánxiǎn

植物体粗壮，大片稀疏丛生，绿色或黄绿色①。主茎匍匐，支茎直立，下部不分枝，上部密生近羽状的支茎①，多直立，密被叶，尖端钝①。茎上部叶阔卵形（线条图左），具纵长褶，尖端宽圆钝，具齿。枝叶狭卵形至卵状披针形（线条图右），基部略下延，叶缘具粗齿；中肋单一，达叶尖终止，背面平滑；叶中上部细胞狭菱形或狭六边形，基部细胞狭长方形。

产于安徽、贵州、河北、黑龙江、湖北、吉林、内蒙古、陕西、四川、新疆和云南。生于北方或高山的林地。

识别要点：支茎的尖端常粗钝；中肋背面平滑。

东亚万年藓 万年藓科 万年藓属

Climacium japonicum

dōngyàwànniánxiǎn

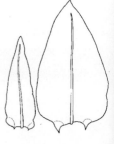

植物体粗壮，大片稀疏丛生，黄绿色，稍具光泽①。主茎匍匐，支茎直立，向一侧偏曲，上部密集不规则羽状分枝，枝端常纤细，多少呈尾尖状①。茎叶宽卵圆形（线条图右），尖圆钝，叶缘平展，全缘。枝叶卵状披针形（线条图左），基部两侧呈耳状；中肋单一，细弱，在叶尖前消失，背面常具少数齿；叶上部细胞长菱形，壁厚，中部细胞近矩形。蒴柄长2～4cm①；孢蒴圆柱形①。

产于安徽、重庆、贵州、河北、黑龙江、河南、湖北、湖南、江西、吉林、陕西、四川、台湾、西藏、云南、浙江。生于林地或灌丛下腐殖质或土坡。

识别要点：支茎尖端常纤细呈尾尖状；中肋背面常具齿。

藓类

厚角黄藓　　油藓科 黄藓属

Distichophyllum collenchymatosum

hòujiǎohuángxiǎn

　　植物体中等大，密集丛生，黄绿色①。茎常分枝，扁平被叶①。叶密集排列，长卵形至阔舌形（线条图），具明显的短尖或渐尖，边全缘；中肋单一，明显，长达叶尖部；叶细胞大，圆六角形，壁薄而角部略加厚，尖部和边缘细胞较小，基部细胞方形，边缘具2～3列狭线形细胞构成的分化边。蒴柄长约1cm；孢蒴卵形。

　　产于福建、广东、广西、贵州、海南、湖南、台湾、香港、云南和浙江。生于沟边石壁或土坡。

　　识别要点：叶长卵形至阔舌形；叶边明显分化。

黑茎黄藓海南变种　　油藓科 黄藓属

Distichophyllum subnigricaule var. *hainanense*

hēijīnghuángxiǎnhǎinánbiànzhǒng

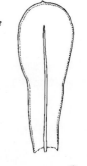

　　植物体小到中等大，丛集生长，柔薄，扁平，亮绿色①。叶阔倒卵形或匙形（线条图），具短尖，边缘具1列线形细胞构成的狭分化边；中肋单一，纤细，近叶尖消失；叶细胞小，疏松，壁薄，近边缘1～2列细胞略小于内部细胞。蒴柄短，具粗疣，长约6mm；孢蒴长椭圆形。

　　产于海南。生于林下树根。

　　识别要点：叶阔倒卵形或匙形，具短尖；叶具弱分化边。

粗齿雉尾藓

孔雀藓科 雉尾藓属

Cyathophorum adiantum

cūchǐzhìwěixiǎn

　　植物体中等大，稀疏丛生，扁平，基部绿色，顶端有时带红色①。茎直立或倾立，通常不分枝，枝端呈尾状。侧叶2列，卵形（线条图下），两侧稍不对称，渐尖，具分化边缘，边缘具粗齿，近基部全缘；中肋单一或分叉，短弱，不及叶长的1/3；叶细胞菱形，叶尖部细胞大，近基部边缘的细胞渐狭长。腹叶1列，卵形（线条图上），上部渐尖，中肋缺失或短弱。枝顶叶腋间有时产生成束的橘红色或绿色丝状芽胞。

　　产于福建、广东、广西、海南、台湾和云南。生于林下树干或岩面。

　　识别要点：植物体扁平，尖端呈尾状；侧叶边缘多具刺状齿或粗齿。

短肋雉尾藓

孔雀藓科 雉尾藓属

Cyathophorum hookerianum

duǎnlèizhìwěixiǎn

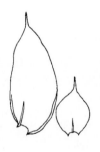

　　植物体小，稀疏丛生，扁平①，黄绿色。茎少分枝，枝端呈尾状。侧叶2列，卵状披针形，两侧不对称（线条图左），叶边全缘或具细齿，具3列狭长细胞组成的分化边缘；中肋单一，短弱，不及叶长的1/3；叶细胞菱形，常具壁孔；腹叶小，卵形（线条图右），对称，边缘具皱褶；中肋单一，短小。枝顶端叶腋间常着生具分枝的芽胞。

　　产于安徽、福建、广东、广西、贵州、海南、江西、四川、台湾、西藏、云南、浙江。生于林下树干或岩面。

　　识别要点：植物体扁平，尖端呈尾状；侧叶边缘全缘或具细齿。

黄边孔雀藓　孔雀藓科 孔雀藓属

Hypopterygium flavolimbatum

huángbiānkǒngquèxiǎn

植物体中等大，密集丛生，扁平，似扇形，绿色或黄绿色①。主茎匍匐，支茎直立或倾立，上部近羽状分枝。侧叶阔卵形（线条图），不对称，尖端短尖，叶边由1～2列狭长细胞构成分化边缘，全缘或尖端有细齿；中肋单一，长达叶中部以上；叶细胞扁六边形。腹叶近圆形，尖端呈芒尖状，边缘分化。蒴柄直立，长近2cm；孢蒴圆柱形。

产于重庆、福建、广东、广西、贵州、海南、湖北、湖南、陕西、四川、云南和浙江。生于林下岩面或树干。

识别要点：植物体近似扇状；叶有侧叶和腹叶之分。

东亚雀尾藓　孔雀藓科 雀尾藓属

Lopidium nazeense

dōngyàquèwěixiǎn

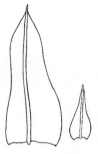

植物体中等大，稀疏或密集丛生，多少呈树形①，黄绿色，无光泽。主茎匍匐，支茎直立，规则羽状分枝①。侧叶长舌形（线条图左），两侧不对称，尖端具短尖，边近全缘，下半部常由1～2列狭长细胞构成分化边缘；中肋单一，及顶；叶细胞卵形，角隅明显增厚。腹叶小（线条图右），卵状披针形，两侧对称，有细长尖，边近全缘。叶腋处有时着生棕色分枝的线形芽胞。

产于海南、香港、西藏。生于林下石壁或树干。

识别要点：植物体树形；侧叶长舌形，下半部边缘常分化。

拟草藓　薄罗藓科 拟草藓属

Pseudoleskeopsis zippelii

nǐcǎoxiǎn

植物体中等大，硬挺，暗绿色，幼嫩部分黄绿色①，长达3～4cm。主茎匍匐，分枝密集不规则分枝。茎叶干燥时疏松贴茎，湿时舒展，三角状卵形（线条图），上部边缘具圆齿；中肋单一，粗壮，贯顶。枝叶阔卵形，钝尖，边平展，常具细齿，中肋长达叶尖消失；叶中上部细胞圆六边形或菱形，基部边缘细胞近方形。蒴柄长达2cm①；孢蒴倾立，倒卵形至长椭圆形①；蒴帽兜形①。

产于安徽、福建、广东、广西、贵州、海南、江苏、辽宁、四川、香港、云南和浙江。生于溪边的岩石。

识别要点：茎叶三角状卵形，上部边缘具圆齿；中肋粗壮，贯顶。

小牛舌藓　牛舌藓科 牛舌藓属

Anomodon minor

xiǎoniúshéxiǎn

植物体中等大，疏松丛集交织生长，淡绿色①，老时呈褐色。茎匍匐，规则或不规则羽状分枝。叶密集，外观呈2列着生，干时贴生，湿时伸展，由基部向上呈阔舌形，尖部宽阔圆钝（线条图），叶边略具齿；中肋单一，近叶尖消失，顶端有时分叉；叶细胞角方形至六角形，壁厚，不透明，多疣，叶基近中肋细胞分化成椭圆形至菱形。孢蒴长卵形。

产于重庆、广东、河北、黑龙江、河南、湖北、吉林、辽宁、内蒙古、陕西、山东、四川、西藏和浙江。生于石灰岩石壁或树干。

识别要点：叶干时不皱缩；尖部阔舌形。

藓类

牛舌藓 牛舌藓科 牛舌藓属
Anomodon viticulosus
niúshéxiǎn

植物体大，密集交织大片生长，黄绿色①。主茎匍匐，裸露，支茎直立，稀疏。叶干时卷曲，湿时倾立，卵形至椭圆形基部渐上成长舌形，尖部圆钝（线条图），边具疣状突起；中肋单一，近于贯顶；叶中部细胞圆六角形至六角形，具密疣。枝叶狭卵状舌形，略小于茎叶。蒴柄细长；孢蒴卵圆柱形。

产于北京、湖北、吉林、陕西、山西、四川、台湾和云南。生于岩面。

识别要点：叶干时卷曲；尖部长舌形。

羊角藓 牛舌藓科 羊角藓属
Herpetineuron toccoae
yángjiǎoxiǎn

植物体中等大至粗壮，硬挺，丛集交织生长，黄绿色至绿色①。主茎匍匐，支茎直立至倾立，不规则稀疏分枝，干燥时枝尖多向腹面卷曲，有时呈尾状。茎叶与枝叶近同形，卵状披针形或阔披针形（线条图），多少具横波纹，叶中上部边缘具不规则粗齿，基部全缘；中肋单一，粗壮，不及顶，上部明显扭曲（线条图）；叶细胞六角形。蒴柄成熟时红棕色；孢蒴卵圆柱形①。

产于安徽、重庆、福建、广东、海南、黑龙江、湖北、湖南、江苏、吉林、内蒙古、山东、四川、台湾、云南和浙江。生于林下或沟边石壁。

识别要点：叶中上部边缘具不规则粗齿；中肋粗壮，上部明显扭曲。

山羽藓 羽藓科 山羽藓属

Abietinella abietina

shānyǔxiǎn

　　植物体粗壮，密集或稀疏大片交织生长，黄绿色①。茎规则一回羽状分枝①，倾立或直立，圆条形，尖部细长，密被分枝鳞毛。茎叶阔卵形（线条图），基部心脏形，有深纵褶，渐上呈披针形，叶边平展或略背卷，具齿；中肋单一，粗壮，达叶长的3/4；叶中部细胞狭卵形，壁厚，具单疣，有明显壁孔。枝叶与茎叶相似，较小。蒴柄纤细，平滑；孢蒴近直立，圆柱形。

　　产于北京、甘肃、河北、黑龙江、河南、湖北、吉林、内蒙古、青海、陕西、四川、新疆和云南。生于林地或岩面。

　　识别要点：植物体较粗壮，规则一回羽状分枝；叶阔卵形，基部有纵褶，具披针形尖。

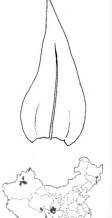

锦丝藓 羽藓科 锦丝藓属

Actinothuidium hookeri

jǐnsīxiǎn

　　植物体粗壮，密集或稀疏大片交织生长，绿色或黄绿色①，长可达15cm。茎规则密集一回羽状分枝①，鳞毛密生茎上，分枝。茎叶基部阔卵形至三角状卵形，有明显的纵褶，向上急骤收缩成披针形（线条图左），叶边具齿，稀全缘；中肋单一，粗壮，长达叶上部消失；叶中部细胞狭菱形，壁薄，透明，具前角突，尖部细胞近于虫形，平滑。枝叶卵状披针形，具短尖，边具锐齿（线条图右）。

　　在我国西南高山的某些生境，该种成为优势种，覆盖数千平方米；产于贵州、河北、吉林、四川、台湾、西藏和云南。生于海拔2000m以上的林地。

　　识别要点：植物体粗壮，规则一回羽状分枝；叶细胞具前角突。

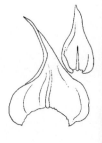

毛羽藓　　羽藓科　毛羽藓属

Bryonoguchia molkenboeri

máoyǔxiǎn

　　植物体较大，疏松交织成片生长，黄绿色至淡绿色①，长达10cm。茎匍匐，规则二至三回羽状分枝①，小枝呈鞭枝状，鳞毛密生茎和枝上。茎叶由阔卵形或心形基部突然向上呈披针形，边具齿（线条图）；中肋单一，粗壮，长达叶尖部，偶略突出于叶尖；叶中部细胞菱形至椭圆形，每个细胞具单个长刺疣。枝叶三角状卵形，具短尖，边具齿。蒴柄长3～5cm；孢蒴圆柱形；蒴帽兜形。

　　产于湖北、黑龙江、吉林、四川和云南。生于林地倒木或腐殖质上。

　　识别要点：叶宽卵形，具长披针形尖部；叶细胞具单个长刺疣。

拟灰羽藓　　羽藓科　羽藓属

Thuidium glaucinoides

nǐhuīyǔxiǎn

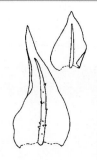

　　植物体中等大到大，疏松交织成片生长，淡黄绿色或绿色①，长达6cm。茎规则二回羽状分枝①，鳞毛密生茎和枝上。茎叶阔卵形至卵状三角形，具短尖，叶边具齿（线条图左）；中肋单一，近叶尖4/5处消失；叶中部细胞长卵形至椭圆形，壁厚，具单疣或2～3个细疣。枝叶卵形至三角形（线条图右）。

　　产于福建、广东、广西、四川、台湾、香港和云南。生于林地石壁。

　　识别要点：植物体规则二回羽状分枝；茎和枝上密生鳞毛。

大叶湿原藓　柳叶藓科 湿原藓属

Calliergon giganteum

dàyèshīyuánxiǎn

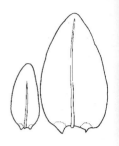

　　植物体粗大，稀疏丛生，深绿色或黄绿色，具光泽①，长达30cm。茎直立，不规则分枝或近羽状分枝，分枝顶端直立，尖锐①。茎叶疏生，卵状心脏形（线条图右），尖端钝或呈兜形，边全缘；中肋单一，达叶尖端终止；叶细胞长菱形，壁薄，叶角细胞为一群方形无色大细胞，突出呈叶耳状，与叶细胞界限明显。枝叶略窄，略小（线条图左）。蒴柄长5~7mm；孢蒴倾斜下垂，圆筒形，弯曲。

　　产于黑龙江、河南、吉林、内蒙古、新疆。生于北方沼泽地。

　　识别要点：叶卵状心脏形，尖端钝；叶角部细胞明显分化。

镰刀藓　柳叶藓科 镰刀藓属

Drepanocladus aduncus

liándāoxiǎn

　　植物体中等大到大，密集交织生长，绿色或亮绿色①，长10~20cm。茎匍匐或倾立，不规则或规则羽状分枝①。叶卵状披针形，多呈镰刀形弯曲（线条图），叶边全缘，内卷；中肋单一，细弱或粗壮，达叶中上部消失；叶中部细胞狭线形，长为宽的10~20倍，角细胞明显分化。

　　产于甘肃、黑龙江、吉林、辽宁、内蒙古、青海、四川、新疆、西藏、云南和浙江。生于北方沼泽地。

　　识别要点：叶卵状披针形，多呈镰刀形弯曲；叶角部细胞明显分化。

匙叶毛尖藓
青藓科 毛尖藓属

Cirriphyllum cirrosum

chíyèmáojiānxiǎn

植物体中等大到大，疏松垫状生长，黄绿色①。茎不规则分枝或偶羽状分枝，直立伸展，圆条形①。叶紧密覆瓦状排列，匙形、长椭圆形（线条图），略具皱褶，叶缘内卷，尖端波曲，突然狭缩成一细长毛尖（线条图）；中肋单一，长达叶中部；叶中部细胞线形，多少呈蠕虫状，壁薄，角细胞六角形或矩形，排列疏松，形成明显分化的区域。蒴柄长约1.5cm；孢蒴长椭圆状圆筒形。

产于甘肃、贵州、吉林、内蒙古、青海、山西、陕西、四川、新疆、西藏、云南和浙江。生于林下树干、石壁或土坡。

识别要点：叶紧密覆瓦状排列；茎叶匙形，具细长毛尖。

密叶美喙藓
青藓科 美喙藓属

Eurhynchium savatieri

mìyèměihuìxiǎn

植物体小到中等大，稀疏或紧密交织生长，淡绿色，具光泽②。茎密集羽状分枝，枝扁平，末端钝①。叶卵状披针形（线条图），最宽处在叶基部略偏上，叶边具细齿；中肋单一，至叶尖消失，末端具齿状突起；叶中部细胞狭线形，角细胞多少分化。蒴柄具疣；孢蒴圆筒形。

产于安徽、重庆、广西、贵州、黑龙江、河南、湖北、湖南、江西、吉林、辽宁、陕西、山东、四川、台湾、新疆、西藏、云南和浙江。生于潮湿的土坡或岩面。

识别要点：叶卵状披针形，叶缘具细齿；中肋末端具齿状突起。

藓类

水生长喙藓
青藓科 长喙藓属

Rhynchostegium riparioides

shuǐ shēng chánghuì xiǎn

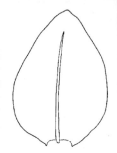

植物体中等大，疏松成片生长，深绿色①。主茎匍匐，不规则分枝，枝直立或倾立，单一或偶具小枝。叶阔卵形至近圆形，基部收缩，尖端具小尖头，圆钝（线条图），叶边平展，具细齿；中肋单一，粗壮，长达叶中部以上；叶中部细胞线形至线状菱形，壁薄，上部细胞较短，斜菱形，角部细胞长矩形至椭圆形。

产于重庆、广东、广西、海南、河北、湖北、湖南、吉林、辽宁、陕西、上海、四川、台湾、新疆、西藏、云南和浙江。生于溪流边岩石。

识别要点：叶阔卵形至近圆形，尖端具小尖头。

喜马拉雅星塔藓
塔藓科 星塔藓属

Hylocomiastrum himalayanum

xǐmǎlāyǎxīngtǎxiǎn

植物体较大，疏松交织成片，暗绿色或灰白色，略具光泽①。茎二至三回羽状分枝，枝略纤细，尖端呈尾状尖①。茎叶与枝叶近于同形，心脏形（线条图），有时呈阔卵状披针形，具深纵褶，边缘具多细胞粗齿；中肋单一，强劲，达叶中部以上；叶细胞不规则线形，多具前角突，基部细胞渐短渐宽，常具壁孔。

产于四川、台湾、西藏和云南。生于高山林下土面或腐殖质。

识别要点：植物体粗壮，二至三回羽状分枝；叶心脏形，具纵褶，边缘具多细胞粗齿。

新船叶藓

塔藓科 新船叶藓属

Neodolichomitra yunnanensis

xīnchuányèxiǎn

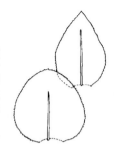

植物体大，硬挺，绿色至黄绿色①。主茎匍匐，支茎直立或倾立，常二至三回不规则羽状分枝，分枝横展或倾立①。茎叶较大，近圆形或卵圆状披针形（线条图下），常内凹，尖部圆钝，叶边全缘至具粗齿；中肋单一、分叉或双中肋，短弱或达叶中部；叶细胞长蠕虫形至线形，有时具前角突，基部细胞渐短。枝叶小，宽卵状披针形（线条图上）。蒴柄细长，橙色①；孢蒴长椭圆柱形，弯曲①。

产于重庆、贵州、海南、陕西、四川、台湾和云南。生于林下腐殖质或岩面。

识别要点：茎叶与枝叶异形。茎叶较大，近圆形，尖部圆钝；枝叶小，宽卵状披针形。

垂枝藓

塔藓科 垂枝藓属

Rhytidium rugosum

chuízhīxiǎn

植物体粗壮，密集垫状生长，圆条形，绿色或黄绿色①。茎直立或倾立，不规则一回羽状分枝，支茎倾立，尖端多向一侧弯曲①。叶密集覆瓦状着生，螺旋排列①。茎叶长卵状披针形（线条图右），略内凹，具多数横波纹及皱褶，基部有时稍下延，尖端渐尖，叶边常具细齿；中肋单一，达叶中部以上；叶细胞线形或蠕虫形，壁厚，具明显前角突，角部细胞明显分化。枝叶较茎叶短小（线条图左）。

产于甘肃、贵州、河北、黑龙江、河南、湖北、吉林、辽宁、内蒙古、青海、四川、台湾、新疆、西藏和云南。生于林地腐殖质或岩面。

识别要点：叶密集覆瓦状着生，螺旋排列；叶不平展，具多数横波纹及皱褶。

薄壁卷柏藓　卷柏藓科　卷柏藓属

Racopilum cuspidigerum

bóbìjuǎnbǎixiǎn

植物体中等大，密集交织丛生，扁平，绿色至暗绿色①。茎不规则分枝。侧叶2列，长卵圆形（线条图），不对称，急尖，叶上部边缘常具细齿或齿突；中肋单一，突出叶尖呈芒状（线条图左）；叶细胞叶角方形或圆六角形，平滑，基部细胞略长。背叶较小，长卵形，上部长渐尖（线条图右）。蒴柄直立，长约2cm；孢蒴长圆柱形。

产于重庆、广东、广西、贵州、海南、湖南、四川、台湾、西藏、云南。生于沟边岩面。

识别要点：植物体扁平；叶二型；侧叶长卵圆形，中肋长突出叶尖呈芒状；背叶长卵形，上部长渐尖。

大麻羽藓　羽藓科　麻羽藓属

Claopodium assurgens

dàmáyǔxiǎn

植物体中等大到大，疏松交织成片，黄绿色①，长达5cm。茎不规则羽状分枝；鳞毛缺。茎叶基部卵形至卵状三角形（线条图左），向上呈狭尖，中上部多背卷，叶边具齿；中肋单一，突出叶尖呈芒状；叶中部细胞卵形至圆角方形，具单个中央粗疣。枝叶长约为茎叶的一半（线条图右）。蒴柄红棕色，长达1.5cm；孢蒴圆柱形。

产于重庆、福建、广东、海南、香港、陕西、台湾和云南。生于草丛下、树基或岩面。

识别要点：植物体不规则羽状分枝；茎叶与枝叶分化明显。

细叶小羽藓 羽藓科 小羽藓属

Haplocladium microphyllum

xìyèxiǎoyǔxiǎn

植物体中等大，常交织成片，黄绿色或绿色①，老时呈褐色。茎匍匐，规则羽状分枝；鳞毛多见于茎上。茎叶基部阔卵形（线条图右），渐上成细长尖，叶边平展或部分背卷，具齿；中肋单一，多少突出叶尖；叶中部细胞长方形或长六边形，具单个中央疣。枝叶阔卵形（线条图左），具短披针形尖，中肋及顶。蒴柄细长，红棕色，长约2cm①；孢蒴长圆柱形，弓形弯曲①。

产于福建、广东、贵州、河南、湖北、江苏、吉林、辽宁、内蒙古、陕西、四川、台湾、云南和浙江。生于人为干扰的环境，土生或石生。

识别要点：植物体规则羽状分枝；孢蒴长圆柱形，弓形弯曲。

绿羽藓 羽藓科 羽藓属

Thuidium assimile

lùyǔxiǎn

植物体粗壮，密集交织丛生，黄绿色①。茎匍匐或倾立，规则三回羽状分枝①；鳞毛密生茎上。茎叶内凹，卵状披针形（线条图右），渐上呈短毛尖，叶边下部多背卷，具齿；中肋单一，消失于叶尖下；叶尖多具不超过3个单列细胞的透明尖；叶细胞菱形，具单疣。枝叶阔卵形至卵状三角形（线条图左），具短锐尖，叶边具齿；中肋长达叶的2/3～4/5；叶细胞椭圆形，具单疣。

产于贵州、河北、河南、湖北、吉林、内蒙古、青海、陕西、山东、四川、西藏、云南和浙江。生于林地腐殖质。

识别要点：植物体大，常三回规则羽状分枝；茎叶通常具短的透明毛尖。

大羽藓　羽藓科 羽藓属
Thuidium cymbifolium
dàyǔxiǎn

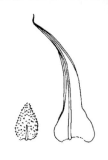

植物体大，交织成大片生长，鲜绿色至黄绿色①。茎匍匐，规则二回羽状分枝①；鳞毛密生。茎叶基部呈三角状卵形，上部突狭成狭披针形尖（线条图右），叶边多背卷，上部具细齿；中肋单一，突出叶尖，尖部由6～10个单列细胞组成透明毛尖；叶中部细胞卵菱形至椭圆形，具单个中央刺状疣；枝叶卵形至长卵形，内凹，具锐尖（线条图左）。蒴柄长约2cm①；孢蒴圆柱形，倾斜①；蒴帽兜形①。

产于安徽、重庆、福建、甘肃、广东、贵州、海南、河北、湖北、湖南、江苏、江西、陕西、四川、台湾、香港、新疆、云南和浙江。生于林边石面或土坡。

识别要点：植物体大，规则二回羽状分枝；茎叶尖部具长透明毛尖。

脆叶红毛藓　金毛藓科 红毛藓属
Oedicladium fragile
cuìyèhóngmáoxiǎn

植物体中等大，密集丛生，黄绿色至橙黄色，具光泽①。主茎匍匐，末端细长或呈鞭状；支茎稀疏分枝，直立或倾立①。叶披针形（线条图），叶缘中部以下明显内卷，有时呈圆筒状，上部渐成一狭长尖，有时呈毛状尖，易断裂，边全缘或具弱齿；中肋2条，稀为1条，短弱；叶中部细胞狭六边形或线形，壁厚，具壁孔，角细胞分化，由一群红棕色近方形细胞组成。

产于广东、海南和香港。生于林下石壁或树干。

识别要点：叶披针形，强烈内卷，呈圆筒状；角细胞分化。

南亚绳藓　蕨藓科 绳藓属

Garovaglia elegans

nányàshéngxiǎn

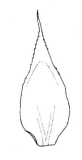

植物体较粗壮，硬挺，绿色至黄绿色，具光泽①。主茎短，匍匐，支茎单一或分枝①，倾立或悬垂。叶宽卵形（线条图），具深的皱褶，向上渐呈长的渐尖①，叶边下部外卷，近全缘，上部平展有粗齿；中肋2条，短弱；叶细胞菱形，向基部变短，具壁孔。蒴柄短，长1～2mm①；孢蒴椭圆状圆柱形①。

产于广东、广西、海南、台湾、西藏和云南。生于林下树干或石壁。

识别要点：植物体较粗壮，硬挺；叶宽卵形，具渐长尖。

小蔓藓　蕨藓科 小蔓藓属

Meteoriella soluta

xiǎomànxiǎn

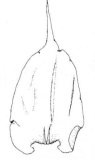

植物体较粗壮，硬挺，成片蔓生，具绢丝光泽①。主茎匍匐，支茎密生，稀疏羽状分枝①。叶阔卵形（线条图），强裂内凹，上部突狭窄成急短尖或长尖（线条图），与叶近等长，基部叶耳明显，抱茎，叶边平展，全缘或具细齿；中肋2条，偶单一或缺，仅及叶中下部；叶细胞狭长形，壁厚，平滑，壁孔明显，角部细胞不分化。

产于安徽、重庆、福建、甘肃、广东、广西、贵州、江西、四川、台湾、西藏和云南。生于林下树干或岩面。

识别要点：植物体较粗壮，具绢丝光泽；叶阔卵形，上部突狭窄成急短尖或长尖；叶基部具明显叶耳，抱茎。

平藓 平藓科 平藓属

Neckera pennata

píngxiǎn

植物体中等大，密集成片生长，扁平，鲜黄绿色，多少具光泽①。主茎匍匐，支茎常倾立或下垂，稀疏或密集羽状分枝，分枝短，顶端钝①。茎叶狭椭圆形至舌形，不对称（线条图），有时略呈弓形弯曲，中上部具强横波纹，叶边具齿；中肋2条，短弱；叶上部细胞椭圆状菱形，中部细胞长菱形至线形，壁薄。

产于黑龙江、湖北、吉林、陕西、四川、台湾、新疆、西藏、云南和浙江。生于林下树干或岩面。

识别要点：植物体扁平；叶面有明显的横波纹。

截叶拟平藓 平藓科 拟平藓属

Neckeropsis lepineana

jiéyènǐpíngxiǎn

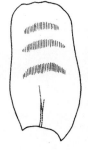

植物体粗壮，密集或稀疏生长，扁平，绿色或暗绿色，略具光泽，长达10cm①。主茎匍匐，支茎垂倾，不规则羽状分枝①。叶阔舌形，中上部具强烈横波纹①，叶尖平截或圆钝（线条图），叶边仅尖部具不规则齿，余全缘；中肋2条，短弱，常不及叶长的1/3；叶上部细胞六角形或多边形，下部细胞长菱形，壁厚。蒴柄短；孢蒴隐生于雌苞叶之中，卵状椭圆形。

产于广东、广西、贵州、湖北、台湾、西藏、云南、浙江。生于林下树干或石灰岩岩面。

识别要点：植物体扁平；叶阔舌形，中上部具强烈横波纹，叶尖平截或圆钝。

强肋藓　油藓科 强肋藓属
Callicostella papillata
qiánglèixiǎn

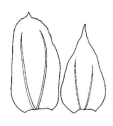

植物体中等大，密集交织成片，扁平，浅黄色至绿色①。茎匍匐，近羽状分枝。叶阔卵状舌形至长舌形（线条图），尖部宽阔或突渐尖，叶边平展，上部具齿；中肋2条，粗壮，几达叶尖（线条图）；叶细胞卵状六边形，壁略厚，具单疣，基部细胞呈长方形至长椭圆形。蒴柄平滑或具细疣，长1~2cm；孢蒴卵形至圆锥形，平列或下垂。

产于广东、海南、台湾、香港、西藏和云南。生于沟边石壁。

识别要点：植物体扁平；中肋2条，粗壮，几达叶尖；叶细胞具单疣。

柔叶毛蒴藓　油藓科 毛蒴藓属
Calyptrochaeta japonica
róuyèmáoshuòxiǎn

植物体小，稀疏丛集，柔弱，多少扁平，绿色至黄绿色，常具光泽①。茎硬挺，单一或分枝。茎、枝基部叶稀疏，上部叶密集。腹面叶和背面叶紧贴斜生，侧面叶与茎垂直。侧叶较大，长卵形，背叶阔卵形（线条图），尖部锐尖或具小尖头，叶边具1~2列狭长细胞组成的分化边，有多数锐齿；中肋分叉，不等长；叶细胞疏松，卵形至菱形，壁薄。

产于福建、广西、贵州、海南、湖南和台湾。生于溪边岩石或树基。

识别要点：植物体带叶茎、枝外观呈扁平；叶具分化边，叶缘具多数锐齿。

藓类

细绢藓 绢藓科 绢藓属

Entodon giraldii

xì juānxiǎn

植物体中等大，密集交织丛生，扁平，绿色①。茎匍匐，近羽状分枝。茎叶三角状卵形（线条图）。枝叶长椭圆形，尖端边缘具细齿；中肋2条，短弱；叶中部细胞线形，平滑，壁薄，向尖部渐变短，基部细胞多，方形或矩形，在基部延伸近中肋。

产于北京、重庆、广东、河北、黑龙江、湖南、江苏、吉林、辽宁、内蒙古、陕西、四川、云南和浙江。生于林下树干或石壁。

识别要点：植物体扁平；枝叶长椭圆形，尖端边缘具细齿。

深绿绢藓 绢藓科 绢藓属

Entodon luridus

shēnlǜjuānxiǎn

植物体中等大，疏松交织成片生长，圆条状，绿色或黄绿色，具光泽①。茎匍匐，近羽状分枝。茎叶及枝叶相似，覆瓦状排列，长椭圆形（线条图），尖端略钝，偶具小尖头，全缘或略具微齿；中肋2条，短弱；叶中部细胞线形，向上渐短，角细胞方形，透明，在基部末延伸至中肋。

产于安徽、重庆、福建、广东、广西、贵州、河北、黑龙江、河南、湖南、吉林、辽宁、内蒙古、陕西、四川、云南和浙江。生于沟边石壁。

识别要点：植物体呈圆条状；茎叶及枝叶覆瓦状排列，长椭圆形，尖端略钝，偶具小尖头。

长柄绢藓 绢藓科 绢藓属

Entodon macropodus

chángbǐngjuānxiǎn

植物体中等大至大，紧贴基质交织垫状着生，扁平，淡绿色至黄绿色，具光泽①。茎匍匐，疏松近羽状分枝。叶矩圆形、披针形或矩圆状卵形（线条图），不对称，尖端具短而宽的小尖头，边具微齿；中肋2条，短弱；叶中部细胞长菱形至线形，向上渐短，角细胞方形，透明，在基部延伸至中肋。蒴柄直立，黄色，长约3cm；孢蒴直立，圆筒形。

产于安徽、重庆、福建、广东、广西、贵州、海南、黑龙江、湖南、江苏、江西、吉林、辽宁、内蒙古、陕西、四川、台湾、香港、西藏、云南和浙江。生于树基或岩面。

识别要点：植物体强烈扁平，具绢丝光泽；叶不对称。

绿叶绢藓 绢藓科 绢藓属

Entodon viridulus

lǜyèjuānxiǎn

植物体中等大，大片交织丛生，扁平，绿色，具光泽①。茎疏松近羽状分枝。叶长椭圆形（线条图），内凹，基部收缩，尖端略钝，上部边缘具微齿，中部以下边缘略反卷，内凹；中肋2条，短弱；叶中部细胞线形，向上渐短，角部细胞方形，膨大，在基部不延伸至中肋。

产于安徽、重庆、福建、广东、广西、海南、黑龙江、湖北、湖南、江西、辽宁、山东、四川、新疆、西藏、云南和浙江。生于林下石壁。

识别要点：叶长椭圆形，基部收缩，尖端略钝。

穗枝赤齿藓
绢藓科 赤齿藓属

Erythrodontium julaceum

suìzhīchìchǐxiǎn

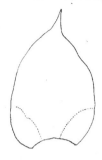

植物体中等大，紧密丛集生长，硬挺，圆条形①，绿色或黄绿色，具光泽①。主茎匍匐，规则羽状分枝，枝密集而短小①。叶覆瓦状排列①，卵形（线条图），内凹，尖端急尖成小尖头，叶边全缘，仅尖端具微齿；中肋2条，短小或不明显；叶细胞长椭圆形，角部分化明显，两侧的三角状区域由方形或长方形细胞构成。

产于安徽、甘肃、广东、广西、贵州、海南、河南、湖南、陕西、四川、西藏、云南和浙江。生于林下树基或石壁。

识别要点：植物体呈圆条形；叶密集覆瓦状排列；叶角细胞明显分化。

拟疣胞藓
锦藓科 拟疣胞藓属

Clastobryopsis planula

nǐyóubāoxiǎn

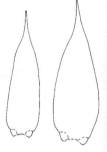

植物体小到中等大，柔弱，密集垫状丛生，黄绿色至橘红色①。茎多分枝，直立，枝条平展。叶阔卵形或卵状披针形（线条图），基部下延，尖部具短尖，叶边卷曲或平展，具疏齿；中肋2条，短弱，有时不明显；叶细胞狭菱形或菱形，角部由一群膨大、方形或长方形细胞组成。枝顶端叶腋处常丛生线形芽胞。

产于重庆、广西、贵州、四川、台湾和云南。生于林下树干或树枝。

识别要点：植物体黄绿色至橘红色；叶角部细胞明显分化。

①

丝灰藓 锦藓科 丝灰藓属
Giraldiella levieri
sīhuīxiǎn

植物体较粗壮，绿色或黄绿色，密集交织生长，多少呈圆条形，具绢丝光泽①。茎匍匐，不规则分枝，分枝倾立。叶长椭圆形（线条图），强烈内凹，上部渐尖，呈短毛状尖，叶边全缘，基部稍内卷；中肋2条，短弱或不明显；叶细胞狭长线形，角部明显分化，由方形细胞构成。蒴柄细长①；孢蒴长椭圆形①。

产于重庆、贵州、湖北、湖南、江西、吉林、内蒙古、陕西、四川、西藏和云南。生于林下树干或竹枝。

识别要点：叶长椭圆形，强烈内凹，具短毛状尖。

圆条棉藓 棉藓科 棉藓属
Plagiothecium cavifolium
yuántiáomiánxiǎn

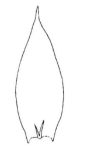

植物体中等大，密集交织丛生，多少呈圆条状，淡绿色或黄绿色，具光泽①。茎不规则分枝。叶覆瓦状排列，卵圆形或椭圆形（线条图），近对称，内凹，基部狭窄下延，叶尖急尖或渐尖，略向一侧偏斜，边全缘或在尖端具齿；中肋2条，较短，长达叶的中部；叶中部细胞狭长线形，近尖端细胞短而宽，基部细胞壁略增厚。

产于安徽、重庆、福建、甘肃、贵州、湖南、吉林、辽宁、内蒙古、陕西、山东、四川、台湾、香港、新疆、西藏、云南和浙江。生于林下土壁或岩面。

识别要点：植物体外观略呈圆条状；叶尖微偏向一边。

扁平棉藓　棉藓科 棉藓属

Plagiothecium neckeroideum

biǎnpíngmiánxiǎn

　　植物体大，稀疏交织丛生，扁平，黄绿色至灰白色①。茎匍匐，不规则疏松分枝。叶卵圆形至披针形（线条图），不对称，基部一侧明显下延，透明，尖端急尖至渐尖，常具丝状的繁殖体或假根，叶上半部具弱横波纹，叶缘平直，全缘或尖端具细齿；中肋2条，长达叶的1/4~1/3；叶细胞狭线形，壁薄，基部细胞较宽。

　　产于安徽、重庆、福建、贵州、黑龙江、河南、江西、辽宁、陕西、四川、台湾、西藏、云南和浙江。生于林下树基或腐殖质。

　　识别要点：植物体明显扁平；叶常具弱横波纹。

波叶棉藓　棉藓科 棉藓属

Plagiothecium undulatum

bōyèmiánxiǎn

　　植物体较大，密集交织呈垫状，扁平，浅绿色，多少具光泽①。茎和枝少分枝。叶覆瓦状排列，卵形至卵状披针形（线条图），内凹，近对称，中上部具极为明显的横波纹（线条图），急尖至渐尖，叶缘平直，全缘或尖端具齿；中肋2条，长达叶的1/4；叶中部细胞长菱形，壁薄，基部细胞具壁孔。

　　产于贵州、黑龙江、西藏和云南。生于林下土壁。

　　识别要点：植物体浅绿色；叶中上部具明显横波纹。

卷叶偏蒴藓　　灰藓科　偏蒴藓属

Ectropothecium ohosimense

juǎnyèpiānshuòxiǎn

植物体中等大，大片交织垫状生长，绿色至黄绿色，多少具光泽，长约4～6cm。茎匍匐，密羽状分枝①。茎叶卵状披针形（线条图右），尖端长渐尖，常镰刀状向一侧弯曲，叶缘具锯齿；中肋2条，叉状，不明显；叶中部细胞狭长线形，壁厚，常具前角突，角细胞疏松，椭圆形。枝叶与茎叶相似，多呈镰刀形弯曲（线条图左）。

产于福建、海南、江西、山东、四川、西藏、云南和浙江。生于沟边潮湿岩面。

识别要点：植物体密羽状分枝；叶常镰刀状向一侧弯曲；叶中部细胞狭长线形，常具前角突。

大灰藓　　灰藓科　灰藓属

Hypnum plumaeforme

dàhuīxiǎn

植物体大，密集交织大片丛生，圆条形，绿色或黄绿色①。茎匍匐，规则或不规则羽状分枝①。茎叶阔椭圆形（线条图左两幅），基部不下延，渐上阔披针形，渐尖，镰刀形弯曲，叶缘平展，尖端具细齿；中肋2条，细弱；叶中部细胞狭长线形，壁薄，角细胞分化，透明或略带橙色。枝叶与茎叶相似（线条图右），较小且较窄，镰刀形弯曲，细胞多少厚壁。

产于我国南北多省区。生于土面或石上。

识别要点：植物体大形，粗壮，规则羽状分枝；茎叶和枝叶均镰刀形弯曲。

大灰藓小型变种

灰藓科 灰藓属

Hypnum plumaeforme* var. *minus

dàhuīxiǎnxiǎoxíngbiànzhǒng

　　植物体大，密集交织丛生，圆柱形，绿色或黄绿色①；茎匍匐，规则羽状分枝。茎叶阔椭圆形（线条图左），渐尖，尖端一侧偏曲或镰刀形弯曲，基部不下延，叶缘平展，尖端具细齿；中肋2条，细弱；叶中部细胞狭长线形，壁轻微加厚，基部细胞短，角细胞分化，薄壁，略带橙色。枝叶稍短窄，轻微向一侧偏曲（线条图右）。部分小枝的尖端有易凋落的无性繁殖芽体。

　　产于安徽、澳门、香港、台湾。生于林下树干或石上。

　　识别要点：茎叶和枝叶均向一侧轻微偏曲。

淡色同叶藓

灰藓科 同叶藓属

Isopterygium albescens

dànsètóngyèxiǎn

　　植物体纤细，密集或稀疏垫状着生，绿色或灰白色，具光泽①。茎匍匐，不规则羽状分枝；假鳞毛丝状。茎叶卵圆形或卵圆状披针形（线条图左），内凹，尖端急尖或渐尖，叶边上部具细齿；中肋2条，短弱或不明显；叶中部细胞狭线形，壁薄，叶基部细胞短而宽，角细胞不明显分化。枝叶与茎叶相似，稍短小（线条图右）。蒴柄纤细，长1～2cm①；孢蒴卵圆形，倾立①；蒴帽兜形①。

　　产于福建、广东、贵州、海南、江西、台湾、西藏、云南和浙江。生于林下树干、腐木或岩面。

　　识别要点：植物体纤细并且色淡；假鳞毛丝状。

毛梳藓 灰藓科 毛梳藓属
Ptilium crista-castrensis
máoshūxiǎn

植物体大，密集大片生长，淡绿色或黄绿色，稍具光泽①。茎匍匐，密羽状分枝，分枝向茎尖渐短①，近于平列，弯曲成镰刀形。茎叶基部阔卵圆形（线条图下），向上渐呈狭披针形，有多数深纵褶，强烈背仰，叶边平展，中部以上具齿；中肋2条或缺失，短弱，不及叶中部消失；叶细胞狭长线形，平滑，角细胞分化明显，由近方形细胞组成。枝叶卵状披针形，有深纵褶，镰刀形弯曲；中肋不明显（线条图上）。

产于贵州、河北、黑龙江、湖北、江西、吉林、辽宁、内蒙古、陕西、山西、四川、台湾、新疆、西藏和云南。生于林下或溪边腐殖质或岩面。

识别要点：植物体粗壮，密羽状分枝，茎尖弯曲成镰刀形；叶背仰，具深纵褶。

鳞叶藓 灰藓科 鳞叶藓属
Taxiphyllum taxirameum
línyèxiǎn

植物体中等大，密集交织丛生，扁平，绿色或灰绿色，具光泽①。茎匍匐，不规则分枝，假鳞毛叶状，三角形。叶卵圆状披针形（线条图），平直，尖端宽，渐尖，有时基部一侧常内折，叶边具细齿；中肋2条，短弱或不明显；叶中部细胞狭长菱形，尖部细胞较短。

我国多个省区常见。生于林下土面或岩面。

识别要点：植物体扁平；假鳞毛叶状，三角形。

塔藓　塔藓科　塔藓属

Hylocomium splendens

tǎxiǎn

植物体大，硬挺，大片丛集生长，外观分层，似塔状，黄绿色至红棕色①。主茎平展，多二至三回羽状分枝①，主茎和支枝上密被鳞毛。茎叶卵圆形或阔卵圆形（线条图右），略内凹，基部略收缩，具长而扭曲的披针形尖，叶边常具齿；中肋2条，长达叶中部，不等长；叶细胞长线形，略具壁孔，前端细胞有时具前角突。枝叶卵状披针形或卵形，有时强烈内凹（线条图左）。

产于黑龙江、河南、湖北、吉林、内蒙古、陕西、四川、台湾、新疆、西藏和云南。生于高山或北方林地岩面。

识别要点：植物体粗大，呈多层塔状；茎叶具长而扭曲的披针形尖。

赤茎藓　塔藓科　赤茎藓属

Pleurozium schreberi

chìjīngxiǎn

植物体大，硬挺，疏松交织成片，黄色，具光泽①。茎不规则羽状分枝，枝尖端常倾立，并呈尾状尖①。叶覆瓦状排列，长卵圆形（线条图），内凹，偶具纵长褶，叶基部边缘常略内曲，上部边缘有时内卷，尖部圆钝或具小短尖，具细齿或齿突；中肋2条，短弱；叶细胞线形或长菱形，平滑，壁厚，基部细胞渐短，角细胞近方形。

产于黑龙江、吉林、内蒙古、青海、四川、台湾、新疆、西藏和云南。生于林下腐殖质或地面。

识别要点：植物体硬挺，黄色；枝尖端常呈尾状尖。

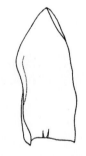

拟垂枝藓　塔藓科　拟垂枝藓属

Rhytidiadelphus triquetrus

nǐchuízhīxiǎn

　　植物体粗壮，稀疏大片生长，黄绿色或苍白色，具光泽①。主茎呈红棕色，稀疏不规则二回羽状分枝①。茎叶基部卵圆形（线条图左），具不规则纵褶，向上急狭成细而长的尖，叶中上部边缘具粗齿，基部具细齿；中肋2条，长达叶中部；叶中上部细胞长菱形，壁多少加厚，具1高疣，角细胞不分化。枝叶卵状披针形，渐尖（线条图右）。

　　产于重庆、甘肃、河北、黑龙江、河南、江西、吉林、辽宁、陕西、山西、四川、台湾、云南和浙江。生于林下腐殖质。

　　识别要点：植物体大，主茎呈红棕色；叶中上部细胞具1高疣。

长叶白齿藓　白齿藓科　白齿藓属

Leucodon subulatus

chángyèbáichǐxiǎn

　　植物体大，密集丛生，圆条状，上部橙黄色，下部淡褐色①。主茎匍匐，分枝少，直立或倾立。茎叶狭披针形（线条图），具纵褶，叶边全缘；中肋缺失；叶中上部细胞狭长形，壁薄，基部细胞壁孔明显，角细胞明显分化，为叶长的约1/7，方形。蒴柄长约1cm，黄褐色①；孢蒴长卵圆形，黄褐色①；蒴帽兜形①。

　　产于湖北、四川、台湾、西藏和云南。生于中高海拔林下树干或岩面。

　　识别要点：植物体橙黄色，圆条状；茎叶狭披针形，具长尖。

栅孔藓　金毛藓科 栅孔藓属

Palisadula chrysophylla

zhàkǒngxiǎn

　　植物体小，密集丛生成垫状，黄绿色①。主茎匍匐，贴生于基质上①，分枝密集，常直立或倾立，较短。茎叶卵状披针形至披针形（线条图右），长渐尖，叶缘平展，全缘或具微齿；中肋缺失或很短；叶中部细胞狭菱形，壁厚，有壁孔，角细胞膨大、透明、壁薄。枝叶与茎叶相似，但较小（线条图左）。

　　产于福建、广东、广西、海南、江西、香港。生于林下树干或树枝。

　　识别要点： 植物体分枝密集，多直立；枝叶具长渐尖。

拟扁枝藓　平藓科 拟扁枝藓属

Homaliadelphus targionianus

nǐbiǎnzhīxiǎn

　　植物体中等大，稀疏丛生，强烈扁平①，淡绿色，基部色较深，具光泽①。主茎匍匐，支茎稀疏分枝。叶卵圆形或卵状椭圆形（线条图），不对称，后缘基部多具舌状瓣（线条图），叶边全缘；中肋缺失；叶中部细胞方形或菱形，平滑，基部细胞长菱形，具壁孔。

　　产于安徽、贵州、湖北、湖南、江西、山东、上海、四川、台湾、西藏、云南和浙江。生于树干或石灰岩石壁。

　　识别要点： 植物体强烈扁平，具光泽；叶后缘基部多具舌状瓣。

水藓 水藓科 水藓属

Fontinalis antipyretica

shuǐxiǎn

水生藓类。植物体大，密集交织生长，鲜绿色或暗绿色，长达30cm②。茎稀疏或密集不规则羽状分枝，枝顶端锐尖或钝头①。茎叶明显呈3列着生，卵状披针形（线条图），基部下延，尖端锐尖或圆钝，叶缘平直，全缘；中肋缺失；叶细胞狭菱形，叶角细胞分化，有时形成叶耳。

产于内蒙古、新疆。生于北方寒温带河流底部的石上。

识别要点：植物体常漂浮在水中；叶3列着生。

尖叶油藓 油藓科 油藓属

Hookeria acutifolia

jiānyèyóuxiǎn

植物体中等大，稀疏丛生，柔软，扁平，黄绿色①。茎单一或稀分枝。叶扁形，干时略皱缩，湿时平展。背போ两侧对称，侧叶多不对称，卵形或阔披针形（线条图），尖端阔急尖或钝尖，叶边不分化或具1列狭长的细胞；中肋缺失；叶中部细胞卵状六角形或近方形，透明，壁薄，近叶尖细胞变短。无性繁殖芽胞棒槌形，多聚生于叶尖端（①，线条图），3～5个细胞组成。

产于安徽、福建、广东、广西、贵州、海南、湖南、江西、四川、台湾、香港、西藏、云南和浙江。生于水沟边的石壁。

识别要点：植物体柔软，扁平，黄绿色；叶尖端常聚生棒槌形无性芽胞。

拟附干藓 碎米藓科 拟附干藓属

Schwetschkeopsis fabronia

nǐfùgànxiǎn

植物体纤细，平铺生长，绿色或黄绿色，具光泽①。茎匍匐，羽状分枝，小枝等长。叶卵状披针形（线条图），渐呈短尖，内凹，叶边具细齿；中肋缺失；叶中上部细胞长椭圆形，背面尖端常有乳头或疣，叶边缘细胞的壁较内部细胞的薄，角细胞明显分化，由一群方形或长方形细胞组成。

产于黑龙江、吉林、辽宁、陕西、山东、西藏、云南和浙江。生于林下树干。

识别要点：植物体纤细；叶无中肋，角部细胞明显分化。

心叶顶胞藓 锦藓科 顶胞藓属

Acroporium secundum

xīnyèdǐngbāoxiǎn

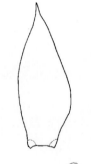

植物体小，密集交织成片，形成低矮的垫状，金黄色①。主茎匍匐，枝条密集，不规则分枝，倾立或直立。叶密集，卵状披针形（线条图），内凹，急尖或短渐尖；中肋缺；叶细胞线形，壁厚，具壁孔，叶角1列细胞明显分化，膨大，近长方形，略弯曲，橙黄色。蒴柄直立，长不及1.5cm；孢蒴倒卵形。

产于广西、海南、台湾和云南。生于林下树干或石壁。

识别要点：植物体密集呈金黄色的垫状；叶角1列细胞明显分化，膨大，橙黄色。

小锦藓 锦藓科 小锦藓属

Brotherella fauriei

xiǎojǐnxiǎn

植物体中等大，密集交织着生，黄绿色①。主茎匍匐，不规则分枝。茎叶卵状披针形（线条图），稍内凹，有时略向一侧偏斜，基部宽，向上渐成长尖，叶边近叶尖具细齿；中肋缺失；叶中部细胞线形，薄壁，角细胞明显分化，由1列膨大的橙黄色细胞组成。枝叶与茎叶相似，但较小。蒴柄纤细，长约1cm①；孢蒴近圆柱形，稍呈弓形弯曲。

产于安徽、福建、广东、广西、贵州、海南、黑龙江、江苏、江西、辽宁、四川、台湾、云南和浙江。生于林下腐木或石壁。

识别要点：叶卵状披针形，稍内凹；角细胞明显分化。

鞭枝藓 锦藓科 鞭枝藓属

Isocladiella surcularis

biānzhīxiǎn

植物体中等大，稀疏或密集丛生，多少悬垂，黄绿色或绿色。茎匍匐，不规则羽状分枝，有鞭状枝①。茎叶卵圆形（线条图右），渐尖成长尖或偶锐尖，通常明显内凹，对称，叶基狭窄，叶边全缘；中肋缺失，偶极短；叶中上部细胞线状纺锤形，角部细胞明显分化，方格状，由约10个长方形的薄壁细胞组成。枝叶与茎叶相似，较小（线条图左）。

产于福建、广东、广西、贵州、海南、江西、台湾、香港和云南。生于林下树干或石壁。

识别要点：植物体常具鞭状枝。

舌叶扁锦藓 锦藓科 扁锦藓属

Glossadelphus lingulatus

shéyèbiǎnjǐnxiǎn

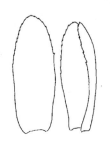

植物体小到中等大，紧贴基质着生，扁平，绿色或黄绿色①，无光泽。茎匍匐，稀疏近羽状分枝。叶多卵状舌形（线条图左），有时多少呈对折（线条图右），尖部圆钝，叶中上部边缘有锯齿，上部的齿大，每个齿由1个突出的三角形的厚壁细胞组成；中肋常缺失，偶具2条短肋；叶中上部细胞线形，壁薄，每个细胞具1个前角疣；角细胞几不分化。枝叶与茎叶相似，但较小。

产于贵州和海南。生于林下岩面。

识别要点：叶卵状舌形，尖部圆钝，中上部边缘具齿。

弯叶毛锦藓 锦藓科 毛锦藓属

Pylaisiadelpha tenuirostris

wānyèmáojǐnxiǎn

植物体中等大，密集交织丛生，绿色至黄绿色①。茎匍匐，规则或不规则分枝。叶椭圆状披针形（线条图），镰刀形弯曲，内凹，下部边缘内卷，上部长渐尖，平展，全缘或具齿；中肋缺失；叶细胞线形，角细胞膨大。蒴柄直立，橙黄色，长约2cm①；孢蒴近直立，椭圆状圆柱形，深褐色①。

产于安徽、重庆、福建、广东、黑龙江、湖北、江西、吉林、辽宁、陕西、四川、台湾、西藏、云南和浙江。生于林下树干。

识别要点：叶镰刀形弯曲，内凹；孢蒴椭圆状圆柱形，深褐色。

橙色锦藓　锦藓科 锦藓属

Sematophyllum phoeniceum

chéngsèjǐnxiǎn

　　植物体中等大，密集交织生长，绿色或黄绿色，具光泽①。主茎匍匐，不规则分枝，小枝倾立或水平生长。茎叶披针形至狭披针形（线条图），内凹，渐尖至细长尖，叶边平展或稍内卷，尖部边缘具齿，余全缘；中肋缺失；叶中上部细胞狭菱形至线形，壁略厚，角细胞膨大，1列，长方形。枝叶与茎叶相似，较小。

　　产于福建、广东、广西、贵州、海南、湖南、江西、西藏、云南和浙江。生于林下腐木或石壁。

　　识别要点：茎叶披针形至狭披针形，尖部长；叶中上部细胞狭菱形至线形。

羽叶锦藓　锦藓科 锦藓属

Sematophyllum subpinnatum

yǔyèjǐnxiǎn

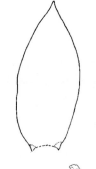

　　植物体中等大，密集交织丛生，绿色，稍具光泽①。茎匍匐，稀疏或密集不规则羽状分枝。茎叶干时紧贴茎上，湿时倾立，宽卵圆形至卵状披针形（线条图），基部较窄，尖部较钝，锐尖至钝尖；中肋缺失或具2条短肋；叶中部细胞长菱形，尖部细胞菱形，角细胞明显分化，1列，长方形。蒴柄橙色，伸长①；孢蒴倾立，卵圆形①。

　　产于福建、广东、广西、贵州、海南、台湾、香港、西藏、云南和浙江。生于林下岩面或树干。

　　识别要点：叶大多为宽卵圆形至卵状披针形；叶尖部细胞菱形。

卵叶麻锦藓　　锦藓科　麻锦藓属

Taxithelium oblongifolium

luǎnyèmájǐnxiǎn

植物体纤细，紧贴基质生长，密集交织成片，扁平，黄绿色①。主茎匍匐，不规则羽状分枝，枝条向外伸展。茎叶长卵形（线条图左），内凹，短渐尖或锐尖，叶边具细齿；中肋缺失；叶细胞狭蠕虫形，壁薄，疣小而成列着生，角细胞极少，近于长方形，稍膨大，带黄色。枝叶与茎叶相似，稍小（线条图右）。

产于海南、台湾和云南。生于林下树干或石壁。

识别要点：植物体扁平；叶细胞具成列的细疣。

垂蒴刺疣藓　　锦藓科　刺疣藓属

Trichosteleum boschii

chuíshuòcìyóuxiǎn

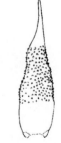

植物体中等大，密集交织丛生，黄绿色，稍具光泽①。茎不规则分枝。茎叶卵状披针形至椭圆状披针形（线条图），内凹，渐尖或急尖，叶边下部平展，上部外卷，边缘具微齿至粗齿；中肋缺失；叶中部细胞狭菱形，壁薄至壁厚，稍具壁孔，具大的单疣（线条图），角细胞膨大。枝叶与茎叶相似，稍小。蒴柄长不及1cm，顶部具疣；孢蒴卵圆形，常下垂，孢蒴外壁平滑至具乳突。

产于福建、广东、广西、海南和云南。生于林下树干和岩石。

识别要点：茎叶卵状披针形至椭圆状披针形，内凹，渐尖或急尖；叶细胞具大的单疣。

东亚拟鳞叶藓　灰藓科　拟鳞叶藓属
Pseudotaxiphyllum pohliaecarpum
dōngyànǐlínyèxiǎn

植物体中等大，密集或稀疏交织着生，绿色①，老茎的叶通常带红褐色②。茎匍匐，不规则密集或稀疏分枝；假鳞毛缺失。叶阔卵圆形（线条图），尖端宽短，不对称，急尖，叶缘具细齿；中肋缺失或具2条短肋，偶为单中肋；叶中上部细胞狭长线形，壁薄，叶尖细胞较短，叶基细胞长方形或狭长方形，角细胞不分化。枝叶与茎叶相似，稍小。无性繁殖芽胞簇生在小枝尖端的叶腋，棍棒形，扭卷。

产于安徽、福建、广东、广西、贵州、海南、湖南、江苏、江西、辽宁、山东、台湾、西藏、云南和浙江。生于林下土坡或岩面。

识别要点：植物体的老叶常呈红褐色；无性芽胞生于小枝顶端的叶腋，棍棒形，扭卷。

明叶藓　灰藓科　明叶藓属
Vesicularia montagnei
míngyèxiǎn

植物体中等大，密集交织着生，多少扁平，亮绿色或暗绿色①。茎匍匐，不规则分枝或近羽状分枝。茎叶阔卵形或卵圆形（线条图），叶尖具小尖头，叶边全缘，边缘有1列狭菱形细胞组成不明显的分化边缘；中肋缺失；叶中部细胞长六角形或菱形，壁薄。枝叶与茎叶相似，稍小。蒴柄纤细，橙黄色①；孢蒴长卵圆形，平列或垂倾，褐色①。

产于重庆、湖南、台湾、西藏和云南。生于林下靠水边的土坡或石壁。

识别要点：植物体多少扁平；叶阔卵形或卵圆形，具小尖头。

苞叶小金发藓

金发藓科 小金发藓属

Pogonatum spinulosum

bāoyèxiǎojīnfàxiǎn

植物体较小，散生于成片的绿色原丝体上，黄绿色，高仅2mm。茎单一，不分枝。叶呈鳞片状，基部叶卵形（线条图右），上部锐尖或渐尖，近尖部具不规则齿或粗齿，中肋单一，消失于叶尖；中部叶长卵形或卵状披针形（线条图左），边全缘；中肋粗壮，突出成长而扭曲的尖；栉片缺失。蒴柄长达4cm①；孢蒴圆柱形①；蒴帽兜形，具白色或金黄色纤毛①。

产于安徽、重庆、福建、广西、贵州、黑龙江、河南、湖北、江苏、江西、吉林、山东、四川、云南和浙江。生于低海拔沟边土坡或林地。

识别要点：原丝体常存；叶呈鳞片状，腹面无栉片。

花斑烟杆藓

烟杆藓科 烟杆藓属

Buxbaumia punctata

huābānyāngǎnxiǎn

植物体退化，着生于长存的原丝体上。茎很短，埋没于基质中。叶仅5～8片，薄而柔软，近卵圆形，蚌壳状，叶边细胞突出成粗齿；中肋缺失；叶细胞呈椭圆形。蒴柄粗壮，硬挺，长约5mm①；孢蒴大，长卵状圆筒形①，斜生，不对称，具明显背覆面分化，背面较平，其上具多数棕红色斑点，台部短①。

产于河南、陕西、四川、西藏和云南。生于高海拔地区针叶林下腐木。

识别要点：植物体退化；孢蒴大，长卵状圆筒形，背面具显著的棕红色斑点。

中文名索引
Index to Chinese Names

学名（拉丁名）索引
Index to Scientific Names

后记 Postscript

本书是依据过去十余年赴全国各地野外考察期间所拍摄的照片编写而成。所收录种类的原则是常见，但也包括部分稀有和分类系统学上较为重要的类群。由于中国地域辽阔，著者调查过的地区有限，难以包容各地的常见种类，留待以后的修订版加入。

本书的拉丁名和中文名称以 *Moss Flora of China English Version*（Vols. 1～8）和《中国苔藓志》（第9～10卷）为主，少数依《云南植物志》（第17～19卷）和www.tropicos.org网站。

如果没有马克平教授相邀主持此书的编撰工作，马平先生提供的大部分精美线条图和有益的讨论，刘冰博士对于本书的编辑和排版付出的许多心血，陈彬博士协助制作的分布图、梁阿喜和左勤提供的部分线条图，华东师范大学朱瑞良教授、湖南科技大学何祖霞老师提供的部分照片，华东师范大学王幼芳教授的精心审阅，深圳市中国科学院仙湖植物园领导与诸多同事予以的支持和帮助，国家自然科学基金项目《蕨类植物独立配子体的形成及进化机理》（批准号30970190），仙湖科研专项基金项目《蕨类植物独立配子体的准确鉴定及适应机理研究》（批准号FLSF-2009-03）和深圳市城管科研基金项目《深圳苔藓植物志》的编研（立项编号201202）及深圳市南亚热带植物多样性重点实验室的部分资助，我们的家人所予以的支持和无微不至的关心，让我们能全心投入相关工作，本书不可能得以完成。在此，谨表示衷心的谢意。

疏漏之处，在所难免，还望读者多多指出，以便再版时更正。

张力 贾渝 毛俐慧

2014年3月

图片版权声明

本书的彩色照片除下述所列外，均为张力拍摄，图片版权归拍摄者所有。

贾渝：花斑烟杆藓*Buxbaumia punctata*、丝灰藓*Giraldiella levieri*、喜马拉雅星塔藓*Hylocomiastrum himalayanum*、新船叶藓*Neodolichomitra yunnanensis*、弯叶毛锦藓*Pylaisiadelpha tenuirostris*、拟垂枝藓*Rhytidiadelphus triquetrus*。

朱瑞良：黄色细鳞苔*Lejeunea flava*、尖舌扁萼苔*Radula acuminata*。

何祖霞：浮苔*Ricciocarpus natans*。

本书的线条图除下述所列外，均为马平绘制，线条图版权归绘制者所有。

梁阿喜：苔藓植物生活史、红对齿藓*Didymodon asperifolius*、镰刀藓*Drepanocladus aduncus*、密叶美喙藓*Eurhynchium savatieri*、卷叶曲背藓*Oncophorus crispifolius*、拟木灵藓*Orthotrichum affine*、尖叶平蒴藓*Plagiobryum demissum*、丛毛藓*Pleuridium subulatum*、拟长蒴丝瓜藓*Pohlia longicollis*、短柄砂藓*Racomitrium brevisetum*、疏齿赤藓*Syntrichia norvegica*。

左勤：网孔凤尾藓*Fissidens grandifrons*、大叶凤尾藓*Fissidens polypodioides*、小树平藓*Homaliodendron exiguum*、东亚雀尾藓*Lopidium nazeense*、截叶拟平藓*Neckeropsis lepineana*、钝叶拟平藓*Neckeropsis obtusata*、薄壁卷柏藓*Racopilum cuspidigerum*和赤茎藓*Pleurozium schreberi*。

《中国常见植物野外识别手册》丛书已出卷册